高等院校纺织服装类"十三五"规划教材

总主编　张祖芳

成衣设计

FINISHED GARMENT DESIGN

主　编　何元跃　全建业
副主编　俞　梅　谢冬梅　莫　宇

U0190058

中国海洋大学出版社
·青岛·

图书在版编目（CIP）数据

成衣设计 / 何元跃，全建业主编 . — 青岛：中国海洋
大学出版社，2020.12
ISBN 978-7-5670-2708-4

Ⅰ．① 成… Ⅱ．① 何… ② 全… Ⅲ．① 服装设计
Ⅳ．① TS941.2

中国版本图书馆 CIP 数据核字（2020）第 263503 号

出版发行	中国海洋大学出版社			
社　　址	青岛市香港东路 23 号		邮政编码	266071
出 版 人	杨立敏			
策 划 人	王　炬			
网　　址	http://pub.ouc.edu.cn			
电子信箱	tushubianjibu@126.com			
订购电话	021-51085016			
责任编辑	由元春		电　　话	0532-85902495
印　　制	上海长鹰印刷厂			
版　　次	2021 年 3 月第 1 版			
印　　次	2021 年 3 月第 1 次印刷			
成品尺寸	210 mm×270 mm			
印　　张	9			
字　　数	198 千			
印　　数	1 ～ 4000			
定　　价	59.00 元			

发现印装质量问题，请致电 021-51085016，由印刷厂负责调换

前言

　　成衣设计一直是服装设计学科的重要课程，国内外的高等院校都将其定为服装专业的必修课，涉及的专业包括服装设计与工程、服装艺术设计、服装工艺技术等。此课程的教学目的在于：一方面，从实用性角度出发，帮助学生了解与掌握即将从事的相关工作的具体需求，理解成衣设计的步骤和方法，为以后向成衣企划设计甚至设计总监方向发展提供一定的理论基础，提高其对成衣品牌背后所蕴含的人文理念的理解与认识；另一方面，从实际的角度分析目前服装企业成衣设计的整体流程与运作思路，帮助学生以及欲从事该行业的入门者厘清工作思路，拓宽认知视野，增强自身综合素质，提高对服装行业相关工作的驾驭能力。

　　成衣设计作为时尚服装普及化的产物，一直备受人们关注，扮演着从时尚之巅过渡到普通大众的桥梁角色。因此，本书比较全面地阐述了服装流行趋势的研究目的、服装品牌策划的基本内容、服装季度企划书设计的重点和要点以及成衣设计的步骤与方法。在编写的过程中，考虑到教材的可读性与趣味性，也在形式上与内容上做了特别设计，主要体现在以下方面。

　　首先，全书分为认识篇、方法篇和应用篇三大部分，从成衣的基础概念到应用的案例，把成衣设计中所需的知识，用逐步递进深入的方法向读者一一展示。

　　其次，运用大量设计案例进行分析与解说，方便读者学习与实际参考。

　　由于编者知识与经验有限，书中难免有疏漏和不妥之处，敬请各位专家学者和广大读者批评指正。

编者

2020 年 6 月

内容简介

　　本书是为服装设计专业的高年级学生或已经从事服装设计行业有一定工作年限的服装工作者而撰写的专业教材，旨在帮助设计工作者理解成衣设计的步骤和方法，同时也能为设计工作者向成衣企划设计甚至设计总监方向发展提供一定的理论基础，提高其对成衣品牌背后所蕴含的人文理念的理解与认识。本书比较全面地阐述了服装流行趋势的研究目的，服装品牌策划的基本内容，服装季度企划书设计的重点和要点以及成衣设计的步骤与方法。全书分为认识篇、方法篇和应用篇三大部分，共九章，从成衣的基础概念到应用的案例，把成衣设计中所需的知识，用逐步递进深入的方法向读者一一展示。

参考课时安排　　　　　　　　　　　　　　　　建议课时数：64 课时

篇	章　节	内　容	理论教学	课外实训
认识篇	第 1 章	成衣基础	2	2
	第 2 章	成衣品牌要素	2	2
	第 3 章	成衣与流行	2	2
方法篇	第 4 章	市场调研与品牌产品定位	4	4
	第 5 章	成衣设计的企划	4	4
	第 6 章	主题服装设计灵感	2	2
	第 7 章	成衣设计的表达	4	4
	第 8 章	样衣与生产的准备工作	2	2
应用篇	第 9 章	品牌成衣设计企划案例	8	12

目 录

认识篇

第1章　成衣基础 ·························**003**
　第1节　成衣概述·······················003
　第2节　成衣的特点与分类··············004

第2章　成衣品牌要素 ···················**008**
　第1节　品牌与企业的关系··············008
　第2节　成衣品牌的基本要素···········011

第3章　成衣与流行 ·····················**015**
　第1节　成衣与流行概述···············015
　第2节　成衣与流行的关系·············015
　第3节　流行的调研与预测·············018

方法篇

第4章　市场调研与品牌产品定位 ·········**029**
　第1节　成衣与市场的关系·············029
　第2节　市场调研······················030
　第3节　品牌产品定位·················035

第5章　成衣设计的企划 ·················**042**
　第1节　品牌成衣产品开发企划概述··········042
　第2节　品牌产品品种架构··············045
　第3节　品牌产品开发时间计划·········045
　第4节　品牌产品上市时间计划·········049
　第5节　主题版设计····················051

第6章　主题服装设计灵感 ···············**057**
　第1节　主题元素设计··················057
　第2节　色彩元素设计··················058

第3节　廓形与款式元素设计 ···················· 060

第4节　材料元素设计 ·························· 061

第5节　装饰、纹样元素设计 ···················· 062

第6节　工艺元素设计 ·························· 064

第7章　成衣设计的表达 ·····················**066**

第1节　成衣设计的基本要求 ···················· 066

第2节　影响成衣设计的相关因素 ················ 068

第3节　成衣设计思维的路径 ···················· 070

第4节　成衣设计中常用的构思方法 ·············· 072

第5节　成衣设计的步骤 ························ 076

第8章　样衣与生产的准备工作 ················**082**

第1节　板型制作 ···························· 082

第2节　坯布样制作及审核 ···················· 083

第3节　正式样衣制作及审核 ·················· 084

第4节　样衣组合搭配审核及调整 ················ 085

第5节　生产确认单 ·························· 086

第6节　产品FAB说明 ························ 087

第7节　产品陈列手册的制作 ·················· 088

第8节　画册制作 ···························· 092

应用篇

第9章　品牌成衣设计企划案例 ················**095**

第1节　男装品牌成衣设计企划案例 ·············· 095

第2节　女装品牌成衣设计企划案例 ·············· 101

第3节　童装品牌成衣设计企划案例 ·············· 106

第4节　运动休闲品牌成衣设计企划案例 ·········· 110

第5节　内衣品牌成衣设计企划案例 ············· 129

01

PART 认识篇

第1章　成衣基础

本章导读

　　成衣是个怎样的概念？它与我们通常讲的服装有什么区别呢？它与人们的日常生活有什么关联呢？

　　本章阐述了成衣的概念、成衣产生和发展的时代背景与意义、成衣的特点与分类，是系统学习成衣、成衣与市场、成衣与流行和成衣设计的基础。

第1节　成衣概述

1.1.1 成衣的概念

　　成衣是指按一定规格、号型标准由工厂批量生产的成品衣服，是相对于量体裁衣式的定做和自制的衣服而出现的一个概念。成衣是由工业革命催生出来的产物。成衣作为工业产品，符合批量生产的经济原则，生产机械化、产品规模系列化、质量标准化、包装统一化，并附有品牌、生产厂家、面料成分、号型、洗涤保养说明等标识。随着机器的大量发明创造，生产力与生产关系发生了深刻变化，劳动方式与生活方式也随之改变。服装从一针一线纯手工制作向机器加工制作的方向发展，从而出现了按一定规格、号型标准成批量、成规模化的生产方式。绝大多数成衣在生产过程中并没有具体的穿衣人，而是以目标消费人群为对象进行设计、生产和销售的批量服装。

1.1.2 成衣产生和发展的时代背景与意义

　　成衣的产生离不开资产阶级革命这一大的时代背景，从18世纪开始，英国工业革命的主要成果就是生产机器和动力机器的大量产生，飞梭、水力纺纱和织布机的发明与蒸汽机的发明一样改变了人类的生活方式，为欧洲走向现代工业文明奠定了基础。从此，集体化、规格化、标准化的生产模式开始成为社会发展的趋势，工人队伍不断壮大。1790年，英国的圣托马斯发明了缝制靴鞋用的单线链式线迹的手摇缝纫机。这台缝纫机用木材做机体，部分零件用金属材料制造，它被认为是世界上出现的第一台缝纫机。然而这种机器的发明并没有一下子改变人们制作服装的习惯，机器还只是辅助服装加工的一小部分。

随着社会的不断进步，发明创造的机械不断涌现，人们提高效益、减轻劳动强度的愿望不断提升，尤其是法国大革命之后，拿破仑带领法兰西士兵横扫欧洲，军服制作变得非常繁忙，到第一次世界大战，军服需求促使机械化服装加工快速发展。正是这种样式单一、分尺码大小的军服加工使得成衣加工的雏形出现了。与此同时，工业化进程必然带动社会快节奏发展，人们的日常生活方式也跟着越来越简约化，服装在这样的时代背景下，自然走向简约化、便装化，套装开始盛行，女性着装趋向男性化。时装设计大师香奈儿（Gabrielle Chanel）倡导的优雅、简洁、朴素的男性化造型的套装成为当时女装的主流，这为成衣发展打下了款型基础。成衣形式真正走入寻常百姓生活还是在第二次世界大战之后。20世纪60年代，资本家和中产阶级大量涌现，希望穿着名牌服装的心理欲望极度膨胀，为迎合这种心理特征，一批国际顶级大师纷纷推出以自己名字命名的成衣品牌，如皮尔·卡丹（Pierre Cardin）、伊夫·圣·罗兰（Yves Saint Laurent），从而满足了一批中、高阶层人士享用名牌的愿望。而他们的愿望一旦实现后必定会激发下一阶层的模仿愿望，这种层层模仿生活方式之风的形成让成衣由此登上了时装舞台。

由于科技的发展，各种纺织、服装加工设备不断更新，导致各类材料、加工成本不断降低，效益不断提高。成衣这种形式在非常短的时间内就取代了传统服装加工的形式，成为人们生活中不可或缺的生活用品。然而，消费人群的差异性，决定了需求的多样化，成衣设计、生产也必须以多样化的形式出现。

第2节　成衣的特点与分类

1.2.1 成衣的特点

成衣在设计、制作时并没有具体的穿衣人，而是选定一群目标消费人群为对象进行设计、制作。一般来说，按性别、年龄、生活场合、地区、风格等要素来进行目标定位，寻找出他们渴望得到的某些共性东西进行设计和创作；以工厂流水线的生产方式，事先设定一定的规格、号型标准进行成批量、成规模化的生产；用优美时尚、质量上乘的批量产品迎合、吸引、指导目标消费人群的购买。

工厂化的批量生产模式极大地降低了生产成本、提高了生产效率、增加了产量，快速满足和繁荣了服装市场，由此也给成衣市场带来了激烈的商业竞争，从而促进了成衣新品的快速开发与成衣时尚流行的飞速变化。

1.2.2 成衣的分类

成衣作为工业化生产的服装，其特点是效率提高、产量增加，大量成衣涌入市场，迅速满足了不同层次的人替换新装的需求，服装市场就此在很短的时间内趋于饱和。与此同时，人们的着装需求也从以实用功能为主，迅速演变成以审美功能为主，这样的变化促使成衣进行分类。

成衣按市场定位与消费取向的差别可以分为高级成衣、品牌时尚成衣、日常生活成衣和职业装成衣。

1.2.2.1 高级成衣

高级成衣是随着高级时装市场的萎缩和服装工业化生产的兴起而出现的。高级时装公司的设计师将原来象牙塔般地位崇高的高级时装加以再设计，转化为相对而言易于工业化生产的形式，从而进行小批量加工的产品，即为高级成衣。高级成衣既保持了原高级时装的设计精髓与风貌，又因其价格大大低于高级时装而受到中、高资产阶层的青睐，那些被称为"奢侈品"的品牌服装就属于这一类（图1-2-1）。

图1-2-1　著名国际品牌Dior的成衣发布会

1.2.2.2 品牌时尚成衣

品牌时尚成衣针对的是各种收入的阶层，它本身还有高、中、低不同档次的市场定位，是成衣市场的主力，其生产批量与市场定位的高低相匹配。一般来讲，品牌时尚成衣做工精致、风格多样、时尚性强、规格齐全，其价格与其定位的消费人群相适应。品牌时尚成衣以其鲜明的风格定位去博得某一固定层面的市场消费人群的芳心，它往往是流行市场的主力军（图1-2-2）。

1.2.2.3 日常生活成衣

日常生活成衣是指款式相对稳定，大批量工业化生产的衬衫、裤子、内衣等类型的服装。其特点是款式变化小，设计要求低，批量大，成本、品质适中，物美价廉是其占有市场的重要竞争因素。一般来讲，日常生活成衣不是流行的主力，它往往是日常生活类的，是辅助流行时尚的产品。但随着时代的进步，人们的观念发生了巨大的变化，有些日常生活成衣也在向品牌时尚成衣发展。比如，当人们认同内衣外穿时，一些原本属于内衣的成衣变成时尚的新宠，这部分成衣产品就会立刻被品牌成衣所应用（图1-2-3）。

图1-2-2　品牌时尚成衣　　　　　　　　　　图1-2-3　日常生活成衣

1.2.2.4 职业装成衣

职业装成衣是以不同职业的人群为主要对象进行批量加工生产的服装。成衣这种用号型批量定制加工的方式，其早期的主要加工对象就是职业装，尤其是军服、警察服。发展到今天，职业装包含了方方面面，如校服、医生服、护士服、保安服、城管服、运动队服、银行职业装、宾馆职业装以及那些并非代表某一职业，而仅仅是某次旅游的团队服或某次团队表演的统一制服。只要带有某一团队特征，以号型区分进行工业化批量生产的服装就是职业装成衣（图1-2-4）。

图1-2-4　各类职业装成衣

思 考 题

1.什么是成衣？它与传统的服装概念有什么不同？

2.从成衣发展演变的历史中，我们可以得到什么启示？未来服装有可能以何种方式、向何种方向发展？

3.以消费取向划分的成衣对服装设计来讲有何意义？

第2章 成衣品牌要素

本章导读

现代成衣市场表现出的最大特点就是竞争越来越激烈。其中品牌成为市场竞争的主角。有人说，决定未来一个国家经济地位的，第一是科技的含量，第二是以品牌为代表的市场占有率。在品牌竞争的年代，企业必须要以品牌经营为中心，注重品牌策划，提升品牌文化和理念，塑造品牌形象，以增强品牌在市场上的占有率和竞争力。

成衣品牌产品的企划和成衣品牌策划运作是两个不同的概念，但成衣产品的企划却是品牌经营运作的重要保障，两者是一种相辅相成的关系。

本章重点阐述了品牌与企业的关系、成衣品牌的基本构成、成衣品牌形象的基本特征和品牌成衣的内涵。

第1节 品牌与企业的关系

企业是品牌的母体，简单地讲，品牌是一种识别标记，是一种经营模式，是市场购买的主体。一家企业可以只经营一个品牌，为了得到品牌推广的最大化，通常品牌与企业名称是一致的，如海螺集团与"海螺"牌男装。也有些企业是多品牌经营，如美特斯·邦威公司的"美特斯·邦威"和"ME&CITY"。甚至有些企业有多个品牌，且产品消费群体、产品风格、产品档次都有很大区别。企业通过品牌让消费者知道自己的企业文化、营销理念、产品风格、产品定位，品牌用服务为企业争取利润空间。所以成衣品牌需要有鲜明的视觉识别系统、显著的组织特征、一定的行为规范、明确的发展和营销理念、完善的服务和销售体系。其产品首先要迎合目标消费群体的需求，同时应该能反映企业的品牌文化、品牌产品定位、品牌产品风格。这是企业与品牌长久发展的必要条件。

2.1.1 品牌要符合企业文化要素

企业文化主要由表层的符号、故事、英雄人物、口号，中层的态度、行为、制度和深层的价值观念、信仰等组成。

服装品牌的选择要符合企业文化的基本特征，可以使人联想到这个品牌的历史、故事、传奇人物以及它反映的民族、宗教、道德、传统文化、风俗、历史、信念、各种生活方式和区域文化等特点。例如，当看到"POLO"品牌时，就会想起它的创始人拉尔夫·劳伦的传奇故事，还可以联想到该品牌所代表的马球运动员的高消费阶层形象和高品位的乡间俱乐部的生活方式。这种信息理念的传播是支撑该品牌的核心价值观。所以以核心价值观为指导的设计，其最终产品应该是以符合品牌价值观为标准，并在这个基础上寻求市场的销售热点。

2.1.2 品牌特点要符合企业在市场中的定位

现代社会的市场范围非常宽广，服装商品已表现出供大于求的特征。服装商品种类繁多，消费者个体的差异巨大，这种差异不仅表现在人体上，更表现在个性心理和审美情趣上。加上年龄、性别、习惯、家庭背景、宗教、民族、文化程度、生活环境、地理位置、思想意识、使用场合等多方面的差异，决定了人们对服装的认识和评价是千变万化的，服装的消费需求也就各不相同。由于市场上同类商品竞争日趋激烈，任何一家企业的商品都无法同时满足所有消费者的消费需求，也无法占领整个市场，细分市场在所难免。因此，服装企业要取得市场竞争优势，就必须选择能够进入细分市场的领域，进行目标市场的锁定，并基于该市场的需求制定自身品牌的特点，进行相应成衣产品的设计、生产、销售。从品牌的产品方面来讲，品牌的特点应包含品牌产品消费人群定位、品牌产品风格定位、品牌产品档次定位、品牌产品品质定位、品牌产品品种定位、品牌产品价格体系以及品牌产品形象定位。这个特点可以起到无论在何地、无论是什么季节只要人们看到或说起这一品牌，大家就能知道该品牌产品的类型、风格以及所服务人群的大致情况的作用。这也是品牌公司内的设计团队、生产团队、营销团队和形象宣传团队必须要首先了解的基本情况。

2.1.3 品牌运作要符合企业规模和管理理念

企业对自身品牌的运作是根据企业自身条件和市场需求而定的。首先，品牌要具备一套含有文化象征的品牌VI（Visual Identity，视觉识别）标识；其次，对品牌产品科学定位，在此基础上建立一套产品开发设计、制版、样衣、采购、批量生产、仓库管理、运输、销售、产品服务、品牌宣传和后勤保障的机制。在企业中通常都建立有三个实施部门，它们是品牌产品最重要的三大支柱，三个部门的目标与企业的总目标一致。第一个部门通常叫产品开发部（也有个别企业叫服装设计部），它是企业创新的源头与动力，为企业源源不断地创造出新的产品。一般下设有设计部和生产部。其中设计部职责范围包括：收集流行信息，预测新季度目标市场的消费趋势，制订新季度的产品开发计划（包括工作进度的时间计划、色彩计划、面料计划、款式计划、图案计划、辅料计划等），设计任务分配计划（包括色彩搭配、面辅料搭配、款式设计、图案设计等），参与品牌形象设计、广告设计，参与时装发布会的概念设计与相关事宜，参与面辅料采购决策等。个别企业的设计部还有买手采购职能，用买手采购样衣或批量采购来完成新产品开发。而生产部的职责就是将可投入生产的多系列产品按规定时间、规定数量、规定品质要求完成生产任务与入库保管。第二个部门是品牌形象推广部，它的主要职责是品牌IC形象设计、品牌对外宣传、品牌广告、品牌形象维护、店铺形象与陈列、品牌危机处理等。第三个部门是产品销售部，它主要负责产品销售策划、制订销售计划、举行促销活动、行使销售管理等。除以上三个部门外还有一些后勤保障部门，如财务、人事、运输等部门。当然，每家企业都有自己的特点，在一些中等规模的品牌成衣企业中，常常只设产品部和销售部，而形象部的职能通常就由产品部下面的设计部代劳了。也有一些品牌公司为降低成本和风险，把一些非自身特长的部门进行外包处理，比如不设财务部门，行政兼出纳，请第三方进行财务审计；或者把设计→制版→生产→储存→运输→销售链上的部分功能外发给专业机构来处理，如有设计外包的、生产外包的、仓储运输外包的。但不管企业内部是如何设置的，它们的运作方法必须符合品牌经营理念的需要（图2-1-1）。

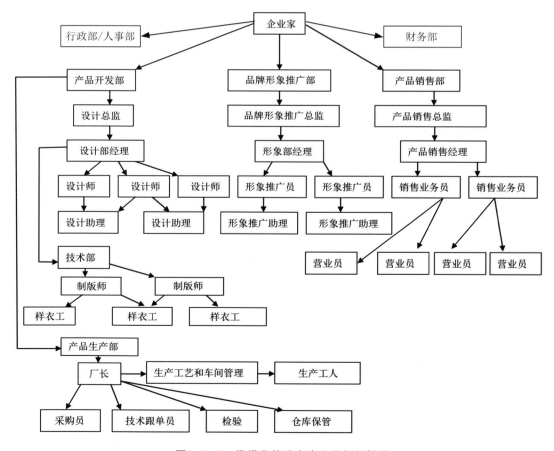

图2-1-1　常规品牌成衣企业的组织结构

第2节　成衣品牌的基本要素

　　简单地讲，品牌是企业生产产品的对外符号、标识、牌子。我们仔细分析会发现，品牌的"品"，主要代表物品的等级、种类；品牌的"牌"，主要是牌子，是企业为自己产品设定的专用名称。两者合起来——品牌，就是代表某一产品具有一定品质的牌子。

　　著名市场营销专家菲利普·科特勒博士这样解释品牌："品牌是一种名称、术语、标记、符号或图案，或是它们的相互组合，用以识别某个消费者或某群消费者的产品或服务，并使之与竞争对手的产品或服务相区别。"[1]成衣品牌实际上可以理解为一种复杂的关系符号，包含了产品、消费者和企业三者之间的关系总和（图2-2-1）。

2.2.1 成衣品牌的基本构成

　　成衣品牌的基本构成可分为两部分，一是精神文化部分，二是物质文化部分，前者代表品牌的无形资产，后者代表品牌的有形资产（图2-2-2）。

　　品牌符号系统：利用平面、三维等手段为品牌创造的视觉识别系统。

　　品牌语言系统：品牌精神文化在语言上的反映，如广告宣传部分、管理条例、营销方案，由此形成的文字语言识别构成了品牌语言环境。

　　品牌技术系统：品牌在相关技术上的运用和整合能力。

　　品牌信息系统：包括内部信息和外部信息，内部信息即品牌的短期、中期、长期发展的目标规划，外部信息是影响目标实现的相关信息的集合。

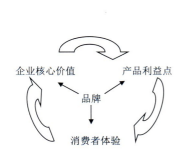

图2-2-1　成衣品牌产品、
消费者、企业关系图

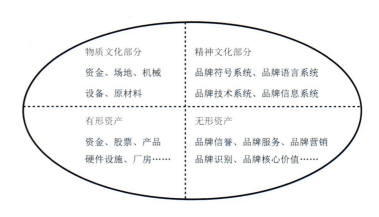

图2-2-2　成衣品牌的基本构成图

① 陈放. 品牌学[M]. 北京：时事出版社，2002.

对成衣品牌来讲，它应该具有三个要素：

（1）完备的精神文化系统。

（2）在精神文化系统指导下的物质系统。

（3）基于精神、物质整合系统之上的市场行为能力。

成衣品牌是精神文化和物质文明的高度结合。当消费者在购买品牌成衣时，企业不仅提供了服装这一物质部分让消费者进行消费，同时也提供了服装品牌文化部分的精神产品。人们对品牌的追求，除追求品牌产品高质量的服务外，更多的是享受品牌文化内容。从成衣品牌服务方面来讲，一方面企业提供了品牌成衣自身的产品功能性服务和产品质量声誉的维护服务，另一方面也提供了成衣品牌产品上的附加值服务，如审美、时尚、个性、信誉、名声、高贵、荣耀、优良品质、生活理念、哲学思想、与众不同或消费者想要得到的某种其他服装所不具备的感受。

2.2.2 成衣品牌形象的基本特征

（1）成衣品牌的识别性标记——LOGO、商标、吊牌、包装袋、衣架等。

成衣品牌标识是由独特的词汇、图形或它们的组合构成，表现该品牌成衣的独特个性。如路易·威登的LV标识、香奈儿的双C标识等都是代表品牌个性的识别标记（图2-2-3）。

在成衣品牌策划中，围绕品牌的识别标记应该进行延伸设计，通常包括商标设计、吊牌设计、包装袋设计、衣架设计、VIP卡和员工卡设计、宣传大片、运输工具的标识设计、店铺陈列设计、店铺门面设计、企业的文具用品设计等标识设计以及品牌成衣的形象按其品牌的定位要求进行的相应设计等。

（2）成衣品牌是一种经营模式。

成衣品牌的基本经营模式包括鲜明的视觉系统、显著的组织特征、一定的行为规范、明确的发展理念、可行的营销战略、合理的价格体系、完善的服务体系等。

图2-2-3　各种成衣品牌的识别标记

现代成衣企业实现品牌差别化竞争的手段不仅要靠服装产品本身，关键是要看企业是否有一套独特的经营管理模式。"品牌这个词，现在不再用来特指产品或包装好了的货物，它还是一种思想方法和企业的主要经营战略。"[②]

（3）成衣品牌是一种企业文化象征。

服装品牌的选择可以使人联想到这个品牌的历史、故事、传奇人物以及它反映的民族传统、宗教信仰、道德倾向、社会心理和区域文化等特点。例如，欧洲的许多著名服装品牌都是以设计师本人的名字来命名的，如看到CHANEL品牌，就很容易在脑海中浮现出有着男性的干练又非常女性化、高贵化的形象，也会浮现出香奈儿本人的艰辛和辉煌的历史；看到Dior品牌，很容易浮现出那经典、浪漫、高贵、女性化十足的场景。这些隐藏在品牌背后的精神，是支撑这些服装品牌能长期占据高端服装市场的核心价值观念。

（4）品牌成衣是市场购买的主体。

今天，服装市场是典型的供大于求，人们不只是因为缺少衣服而去购买服装。在这样一个买方市场中，消费者一般会选择符合个人消费特征的，有一定知名度和影响力的，形象良好、性价比合理、能满足消费者心理需求的服装，这样，品牌成衣就成为市场购买的主体（图2-2-4）。

（5）成衣品牌是对自身产权的经营。

成衣产品是针对目标消费群进行产品开发的，所以成衣品牌拥有其目标市场的产权，产权的范围大小取决于它的综合水平，成衣品牌产权的增减随着成衣消费量的状况而起伏变化。所以，作为品牌的拥有者，企业必须重视品牌知识产权（无形资产）的保护。

图2-2-4　正在市场上销售的成衣

---

② 〔美〕杜纳·E. 科耐普. 品牌智慧：品牌战略实施的五个步骤 [M]. 赵中秋，罗臣，译. 北京：企业管理出版社，2006.

2.2.3 品牌成衣的内涵

现代人的着装从婴儿用的尿片到寿终正寝用的寿衣，几乎无一不带有品牌的痕迹。人们一生中穿过多少有品牌商标的衣服似乎也无法统计。服装市场已被品牌成衣全方位接管，市场已完成从功能竞争、款式设计竞争发展到成衣品牌的竞争。这种竞争的结果是品牌成衣的大发展，品牌成衣的内涵得到扩大。一般来讲，品牌成衣的内涵应该包括以下三个方面（图2-2-5）。

（1）核心层：作为成衣存在的产品价值，包括质量、性能、材料、尺寸、价格等商品属性。

（2）中间层：赋予该产品的名称、语言、符号、色彩、款式、象征等表现要素。

（3）外层：品牌形象的意识价值，包括消费者对品牌的形象、印象、感情、评价等整体意识。

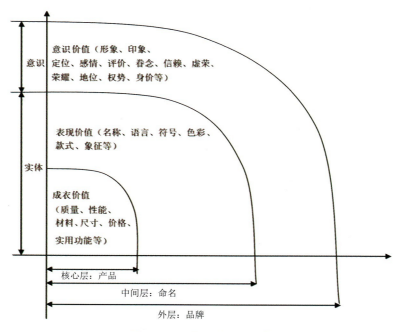

图2-2-5　品牌成衣的内涵

思 考 题

1. 以5~6名学生组成小组，畅谈成衣品牌的重要性。

2. 以5~6名学生组成小组，以成衣市场某种风格中的1~3家品牌作为标杆进行调研，调研的主要内容为品牌文化、品牌理念、品牌形象、品牌产品定位、品牌产品种类、品牌产品价格、品牌产品的市场占有率等。（可参考本书第三部分的应用篇）

第3章 成衣与流行

本章导读

　　成衣是工业革命的结果，工业革命必然导致城市人口的大量增长，而人口的增长和流动又带动时尚产业的发展。由此成衣与流行时尚就相交了，成衣依托流行而发展，流行通过成衣得到展示。

第1节 成衣与流行概述

　　从某种意义上讲，当今世界是一个被时尚驱动的时代，"流行"和"时尚"这两个字眼越来越多地出现在人们生活的各个领域。对于消费者而言，"流行"不仅仅是时装领域中接触到的一个名词，还常常跟音乐、运动、休闲、旅游甚至装潢、餐饮等联系在一起。相较于其他一些行业而言，服装行业可以说是最早接触流行，对流行的反应最为敏感，也是流行历史上表现得最为突出的领域之一。因此，人们谈到流行与时尚，第一反应常常是服装。

　　流行是一种社会文化现象，它表达了人们在某个时空范围内对某一些服装款式或生活方式的崇拜、模仿和喜爱。某种个人喜爱的服装款式或生活方式经过模仿变成扩大了的社会人群的喜好，就成为了流行的现象。这种现象是特定时期、特定国家、特定地区的政治、经济、文化、地理等条件的综合反映，是人们对不同时代社会环境中的自我价值认同方式。它主导着人们衣着生活观念和服装的审美标准，由此也不断刺激时装产品的更新换代，极大地丰富了人们的日常生活。

第2节 成衣与流行的关系

　　成衣是工业革命的结果，工业革命必然导致城市人口的大量增长，而人口的增长和流动又带动时尚产业的发展。由此成衣与流行时尚就相交了，成衣依托流行而发展，流行通过成衣得到展示。

3.2.1 成衣化是流行的前提

当成衣这种加工形式发展成为普遍现象时，其高效率、高节奏、高产量立刻让服装市场趋于饱和。由于经济收入的快速增长，人们着装从主要满足基本的生理需求逐渐演变成主要满足审美需求。受市场供求变化、成衣厂商竞争的影响，市场上成衣的花式、品种急剧增加，新旧交替加快，创新要求不断更新，其结果是以成衣为代表的流行时尚产业的产生。成衣通过流行展示创新审美观来引导消费，为时尚流行提供了前提条件。

3.2.2 时尚流行推动了成衣发展

流行时尚业是都市文化的代表，它有力地促进了成衣业的高速发展。成衣流行是按照每年春夏、秋冬两个时装发布会来展示半年后将推出的系列时装款式、色彩、面料以及细节和搭配方式。时装发布会带有强有力的指导性来推动成衣企业的设计和生产，以最新流行时尚来预示发展趋势并引导消费者消费。时尚流行已经成为现代人不可或缺的生活组成部分，推动成衣发展变化。

3.2.3 影响服装流行的主要因素

服装流行需要一定的条件因素来促成，而这些条件可以从生理因素、心理因素、社会因素和自然因素来分析。

3.2.3.1 生理因素

服装美的特殊性决定了服装与人体的关系，服装只有穿在人身上才能产生一种状态美，这种美包含着装束、打扮和服装本身所固有的成分。着装人在社会公众场合就有着被观察、被欣赏的社会意义，所以服装流行与人的生理因素有着密切的关系。而自然界的四季变化和不同的生活环境对着装保暖、保护、防风、防晒、防雨、防毒、防害等都有着具体要求，体现了生理与着装的时空关系。俗话说："久长必短，久短必长。"实际上是讲人需要得到生理上的视觉平衡，才会获得美感。人的生理需要不断寻找视觉新鲜感才能得到视觉平衡。无论是何物，一旦你天天看到、时时看到，就一定会产生视觉审美疲劳感，这时就需要有新的，甚至是相反的事物来刺激视觉新鲜感。色彩学上的补色关系已经充分证明了视觉平衡的重要性。从服装史论上我们也清楚地看到，当一类服装款式流行得比较久之后必然会出现另一类与其相反的款式受到大家的欢迎。所以，过分女性化风格盛行之后必然会出现男性化、中性化风格的流行；繁杂装饰盛行后必然会出现简约之风……由此，人们从中寻找出时装流行的一般规律，就是通过生理上的视觉平衡原理来设计和引导时装流行。

3.2.3.2 心理因素

在当今物质丰富的年代，人们购衣通常都不是因为缺少或无衣服替换，而往往是一种心理欲望支配着去购买服装，这种心理欲望首先体现在人类天生就有的爱美之心上。但美本身并不是永恒的，美是运动和变化的，任何一种被认为美的事物都建立在一定的基础上。比如，都市人会认为山川流水是美，而常年生活在山野乡村的人会对大都市有无限的向往。美的变化性使得人们追求的美、得到的美往往都是暂时的、相对的，而不满足或未得到的美往往表现出绝对性。对于人们着装而言，新和旧本身是相对的，新的衣服穿在身上也会产生旧的感觉，因为更新的服装已经在市面上出现了。所以喜新厌旧也是影响成衣流行的心理因素。

美的获得会提升着装人的成就感。人们着装的目的本身也包含着希望去体现社会地位和价值，通过衣着表现并得到满足，产生超越别人的权威感、地位感、富裕感、成就感、亮丽感或张扬另类感。与此同时，人们在社会中生活又始终无法摆脱族群的关联性，这显然是文化因素使然，文化决定了人们生活的行为规范。人们在衣着上一般会遵循文化属性要求，寻求与其文化相匹配的族群要求。只有这样，人们才会有安全感，而这种社会群体感又往往会通过从众模仿来实现。这样就出现了一种心理：一方面希望自己的着装在人群中能得到更多的注视，产生更多的满足感；另一方面又会严格要求自己的衣着使之符合族群文化特征。服装就在这种不断寻求美、寻求新，又不断被模仿中实现流行发展。

3.2.3.3 社会因素

服装从产生之初就注定了它的社会属性，服装是随着社会的变迁而发展的，历史上各种不同的着装方式无一不是社会现状的反映。而各个不同时期的成衣流行都会受各种文化属性、社会经济状况、政治与社会的开放程度、民族与民俗等诸多因素的影响。比如，战争会强迫人们进行交流，宗教会规范人们的着装方式，哲学与艺术可以改变人的思想，科学发展可以让过去不可能之事变得轻易得到并改变人们的生活方式，而名人更是潮男、潮女争相模仿的对象，政治的开放和经济的发展无疑为成衣的流行发展打下了必不可少的基础。所以社会的各种因素都会促进和制约服装流行的发展。

3.2.3.4 自然因素

世界各地的人们在着装上的不同，很大程度上受到自然地域与气候的影响。人类的着装方式和审美装饰都以符合当地自然环境为其基本要求，从地球上各个地区服装变迁过程来看，它们无一不是顺应本地域的自然环境和自然条件而发展的。所以，对服装流行信息的采集与使用也因地域条件不同而有所不同。

人们的穿衣风格总是随着气候的变化而不同，服装流行也是顺应天气变化而变化。国际上的服装流行信息无不以春夏时装周或秋冬时装周的形式进行发布。

第3节 流行的调研与预测

服装流行现象，是一种社会现象，是都市文化的表征，也是现代文明的产物。它是在一定的空间和时间内形成的新兴服装穿着潮流，体现了整个时代的精神风貌，成为一种客观存在的社会现象，是人类求新、求异、爱美心理的一种外在表现形式。同时，服装的流行、变化，是一种超越国界的文化行为。全世界的人们在各个不同的国度里创造着不同的着装风貌，使得我们生活的地球变得丰富多彩，也增加了现代服装流行、变化的魅力。服装流行趋势预测就是以一定的形式显现出未来某个时期服装流行的概念、特征与样式。这个预测工作在当代具有鲜明的国际性。

3.3.1 时装流行趋势预测的目的与意义

进行时装流行趋势预测的研究工作，其目的是通过预测，向纺织、服装及商业部门提供成衣的流行趋势，指导纺织、服装企业的产品开发与生产，同时引导消费者进行时尚消费，避免盲目生产、盲目消费。其意义是预测得正确与否直接关系到品牌成衣的销售业绩以及品牌形象、品牌理念、品牌思想的传播，也决定着消费者能否获得最新、最正确、最时尚的信息和得到时尚美的满足感。

3.3.2 时装流行趋势预测的内容

时装流行趋势预测的内容主要集中在服装的三大要素上，即色彩倾向、纱线织物倾向、款式结构倾向。除此之外，为了适应流行要素变化飞速发展的今天，时尚流行趋势预测往往还包括最新服饰配件搭配的倾向、最新服装穿着方式变化的倾向等。

3.3.2.1 色彩流行情报

在色彩上，主要是通过流行色（fashion color）的发布来实现。流行色是指在一定的社会范围内、一段时间内广泛流传的带有倾向性的色彩。但这种色彩往往是以多组色来组成，它的演变是在上一季流行色彩的基础上，结合人眼生理客观需求进行演化，又结合季节变化进行推导。一般来讲，色彩按一年四季划分，春季色系比冬季色系相对浅，夏季色系比春季色系相对浅，秋季色系比夏季色系相对深，冬季色系比秋季色系相对深，如此循环变换。流行色以新颖、时髦、变化快为特点，对消费市场起着一定的主导作用。流行色在市场上有时以单一色彩出现，有时充当色系中的主色，有时以构成色调（即色系的组合）形式出现，表现形式多样（图3-3-1）。

国际流行色协会每年分春夏和秋冬两季，预测未来24个月的流行色彩，自2007年起预测时间改为提前18个月。

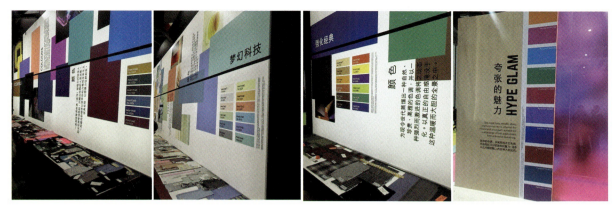

图3-3-1　面料博览会上的色彩预测情报

3.3.2.2 纱线、面料流行情报

纱线的预测一般比销售期提前18个月，织物预测一般提前12个月。

纱线、织物预测主要由专门机构结合新材料、流行色来进行概念发布（图3-3-2至图3-3-4）。它们通常借助各大纱线博览会、面料博览会进行展出。在这些专业博览会上通常会展示新的流行色概念、新型材料的概念。有时，还会制成服装更直观地展示这些新的发展趋势。

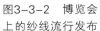

图3-3-2　博览会
上的纱线流行发布

图3-3-3　面料博览会
上的功能面料流行发布

图3-3-4　博览会
上的面料流行发布

3.3.2.3 服装款式流行情报

服装款式结构预测通常提前6～12个月。预测机构在总结上一季畅销产品典型特点的基础上，结合预测未来的色彩倾向和纱线、织物倾向，对未来6～12个月的服装整体风格以及轮廓、细节等加以预测，推出具体的服装流行主题，包括文字部分、款式手稿和服装实物（图3-3-5）。款式预测通常分为男装部分、女装部分、童装部分和运动休闲装部分。

3.3.2.4 服饰配件流行信息

最新服饰配件搭配在当今的成衣市场上越来越受到人们的重视。由于近年来流行元素变化得越来越快，加上人们着装个性化的要求和混搭、反季节、无季节、无性别等着装新概念的不断出现，人们发现服装配件搭配变得更加重要。好的配件搭配完全可以让平庸的服装光彩夺目、个性十足，而配件搭配本身也包含着各种流行元素。所以近年来在各种款式流行预测的报告中也有对配件饰品的流行预测，它一般和服装款式预测的主题一致、时间一致（图3-3-6）。

图3-3-5　时装周上的流行款式发布

图3-3-6　最新服饰流行配件

3.3.2.5 服饰穿搭方式的流行信息

最新服装穿着方式的变化往往是由新潮流行理念的影响而引发的。如近年来，冬天在都市的大街上能看到身着超短裙、热裤的时髦女郎，虽然在这些短装里还有紧身裤子，但这种装扮是典型的夏装冬穿。它与冬天短裤加超长靴，夏天一字领T恤露单肩、围巾反系、围巾围在腰部等都是以一种新的衣着方式引领时尚。所以对最新服装穿着方式变化的研究同样是流行预测中非常重要的组成部分（图3-3-7）。

图3-3-7　设计师为时尚人士组合的穿搭方式

3.3.3 时装流行趋势预测对服饰上、下游产业链发展的影响

服装流行趋势的研究、预测对纺织、服装行业将起到指导生产、引导消费的作用。

3.3.3.1 流行预测对纺织、服装业生产的引导

纺织、服装流行趋势的预测，正是围绕着创造新的服装、服饰风貌，结合成本控制和废物再生、环保等理念，引导纺织行业不断开发新纤维、新织物、新材料、新款式，为消费者提供符合时尚潮流的物质基础而进行。

服装流行趋势的预测成果，对增加纺织及服装、服饰的最终产品的附加值，提高加工深度具有十分重要的意义。

3.3.3.2 流行预测对成衣消费的引导

服装流行趋势的预测研究，可以用不断推出的新时尚款式去满足消费者的心理需求（图3-3-8）。

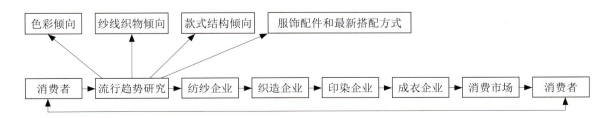

图3-3-8　流行趋势预测的内容与成衣企业上、下游产业链的相互关系

3.3.4 国外服装流行趋势预测的基本架构

3.3.4.1 美国

主要通过专门的情报机构，如ICA（International Color Authority，国际色彩权威），从事纺织品流行色研究，提前两年发布色彩的流行趋向，主要针对纺织、印染行业，一年后设计师根据企业提供的色彩，设计一年后流行的款式，而灵感就来自面料商。美国通过专门的商业情报机构对纺织品、服装流行趋势进行研究、预测，而纺织和服装的上、下游企业自行进行协调工作（图3-3-9）。

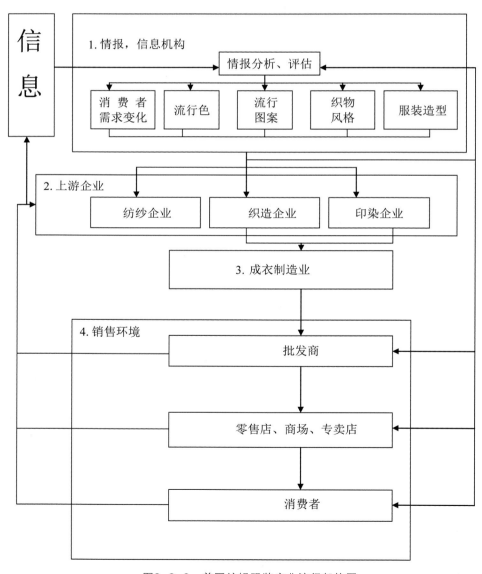

图3-3-9　美国纺织服装产业流行架构图

3.3.4.2 欧洲

欧洲主要有法国的PV（第一眼沙龙）、CIM（法国女装协调委员会）、MODOM（法国男装协调委员会）、AEIH（欧洲时装协会）以及RP（罗纳尔纤维协调委员会）等半官方、半民间的协调组织，在纺织、服装与商界间架起许多桥梁，使下游行业能及时了解上游行业的生产情况和新产品开发情况，上游行业则能迅速掌握市场及消费者的需求变化及下游行业的需求情况，上、下游行业共享各类市场信息。它们都以最终产品作为自己研究流行趋势的主线，并互通信息，相互交流。比如，在Interstoff的面料展中能看到PV成衣协调组织布置的展位等。

在欧洲，色彩流行倾向大约在两年半之前提出，纱线流行倾向一般提前20～24个月，衣料流行倾向提前20个月，成衣流行倾向提前14个月。这样欧洲的纱线博览会一般会提前18个月举办，衣料博览会一般提前12个月举办，而成衣博览会一般提前6个月举办（图3-3-10）。

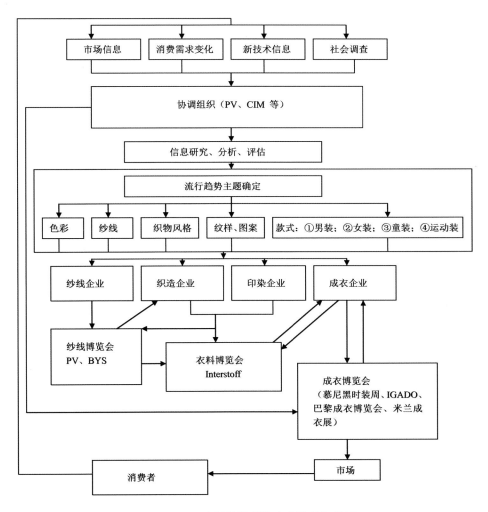

图3-3-10　欧洲纺织服装产业流行架构图

3.3.4.3 日本

日本发达的化纤工业使得它能以一种较特殊的方式进行服装流行趋势预测的研究。日本较有实力的纺织株式会社（如针纺、帝人、东洋纺、旭化成、东丽等公司）都有专门的流行研究所或服装研究所，其任务是研究市场消费者心理、生活方式的变化，分析欧洲的流行信息，并根据日本流行色协会（JAFCA）的色彩信息，研究出综合的成衣流行趋势（图3-3-11）。

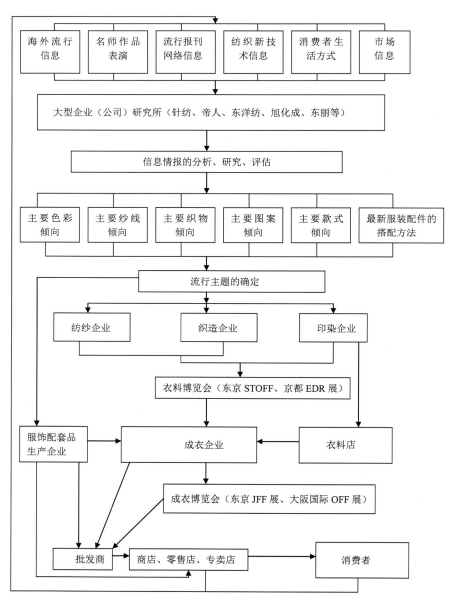

图3-3-11 日本纺织服装产业流行架构图

3.3.5 近年来国内时装流行的主要特征

随着时尚流行的发展，大众流行越来越趋向多样化、个性化，人们不再羡慕别人已经有的服装款式，生怕衣着与熟人"撞衫"，在追求流行时更在乎流行元素能否融入自己的气质、个性和体型的体系中。这种新理念导致了近年来国内的时装流行呈现出以下几个特征。

① 新奇性。新奇性是流行现象中最显著的特征之一，满足了人们求新、求异、求变的心理需求，同时也表现出个性化的特征。

② 短暂性。新鲜的样式或风格会随着时间的推移变得陈旧、土气，这时，当初人们追寻的那些事物也就失去了时尚意义，最终会被更新鲜、更时尚的事物所取代。尤其是近年来"快时尚""快消费"概念的介入，服装的流行周期越趋短暂，有些流行现象甚至是昙花一现。

③ 广泛性。随着人们收入的普遍提高，参与时尚消费的人群在扩大。在从众心理的驱使下，人们屈从于一致性的压力而接受流行的事物，这就使得流行在一定的社会阶层或群体中被普遍接受和追求，但这种普遍性已经不是表现在某种特定款式上，而是通过某种特定的流行元素来表现。流行本身也已从服饰外延至家装、汽车、手机、家电、旅游、健身、饮食等各种生活方式中，在都市生活中具有普遍性和广泛性。

④ 周期性。服装的流行与很多事物一样，都会经历产生、发展、盛行和衰退的周期。而今周期性中的重叠现象非常突出，往往前一个流行周期刚刚进入发展期，后一个流行要素已经产生。

⑤ 多样性。随着个性化的普及，当今的服饰风格是多元的，服饰流行形式也越来越多样化。在一个时间段内可以有多个时尚元素同时流行。

思 考 题

1. 从生理、心理、社会和自然四个方面分析当今成衣市场上的主要流行元素，即个性化、混搭化、中性化的成因，要求文字不少于1000字。

2. 以5～6名同学组成团队，对市场上某种风格的成衣进行调研。调研必须从该类风格服装的上游开始，了解其纱线、织物结构、颜色和目前市场上主打产品的款式、配搭方法等，得出结论，提出其未来发展趋势。（用PPT形式做调研、预测报告。服装风格建议选取休闲运动风格、淑女装风格、嬉皮玩耍风格、经典职业女装风格等）

02
PART 方法篇

第4章 市场调研与品牌产品定位

本章导读

自品牌成衣发展以来，服装市场呈现多样化。随着社会阶层的不断发展与变化，成衣市场也呈现出金字塔型的市场分化。越是高端的成衣产品定位，消费人群越少；越是低端的成衣产品定位，消费人群越多。而不同消费人群定位决定了其成衣品牌在市场上的档次位置、设计要求、质量要求、产量要求、服务要求与价格要求等，因此市场调研就显得尤为重要。只有在充分市场调研的基础上，才能进行产品开发设计。服装市场竞争激烈，顾客的需求也在不断变化。通过市场调研，能够发现新的商机和需要，知道各种类型成衣的流行发展趋势，还可以发现企业产品的不足及经营中存在的问题，及时掌握企业竞争者的动态以及品牌产品在市场上的档次与所占比率。

第1节　成衣与市场的关系

欧洲机械革命带来了成衣化的发展，服装业因此成本降低、效益提高、利润增加，吸引了大量资金涌入，成衣设计、加工和经营销售蓬勃发展。当同类商品成衣涌向市场时，竞争加剧，为此成衣商们开始包装自身，寻求产品之外的利润空间，他们把大量的精力投入设计、品质、装潢、包装、宣传、信誉、服务与营销上，推出品牌成衣概念，形成以自身品牌为中心、以产品服务为载体的市场竞争格局。

在成衣市场上越是高端品牌越重视品牌形象的维护，视品牌形象为企业的生命。中、低端品牌同样有维护和提升自身品牌价值的任务。当人们的着装从寻求实用功能为主变为寻求审美价值为主时，只有市场认可的成衣品牌才能获取最大化的利润空间，而要获得市场的持续认可，企业就要不断地提供符合目标消费者需求的成衣创新产品以及稳定的质量、合理的价格、良好的信誉和服务，这些是成衣品牌在市场上站稳地位、提升价值的必要条件（图4-1-1）。

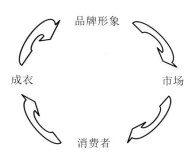

图4-1-1　成衣与市场的关系

　　由于市场消费群体是多样的，人们在社会中的地位阶层不同决定了品牌成衣在市场上所针对的消费对象也是不同的。一般而言，根据市场上不同的消费群体，成衣可以分为四种基本档次，而在每个基本档次中还可以有高、中、低的区分。

　　① 注重品牌文化与历史传承的奢侈品服装，在市场上定位为高端成衣品牌，消费对象为极少数高薪阶层，显示出财富和地位的特征，一般不参与大众流行方式，但却推动和引导着流行发展。

　　② 以品牌故事和款式特征为特点的个性化小众服装，在市场上通常定位小众个性群体，他们人数少，擅长标新立异，在流行中扮演前卫者或怀旧者。

　　③ 以大众时尚为品牌定位，注重品牌风格，是成衣市场的主流，主要服务于都市的中产阶层，他们人群广，风格多，价格适中，受流行因素影响大，也是流行消费的主力。

　　④ 以底层消费群体为对象，他们地域广，人群多，层次杂，注重对流行款式的模仿，品牌忠诚度差，对价格极其敏感。

第2节　市场调研

4.2.1 市场调研的内容

　　在开发新季度产品之前，市场调研是件非常重要的事。只有在认清竞争对手的情况、市场流行的发展趋势、目标消费者的需求和企业自身的实际情况后，才能更好地把握市场、适应市场并从市场经营中获取利润。这个过程通常又分为市场调研部分和分析产品定位部分。

　　市场调研部分主要是了解目标消费者的需求变化，竞争环境，成衣流行趋势，产业上、下游的关系以及本企业的竞争优势和劣势（图4-2-1）。

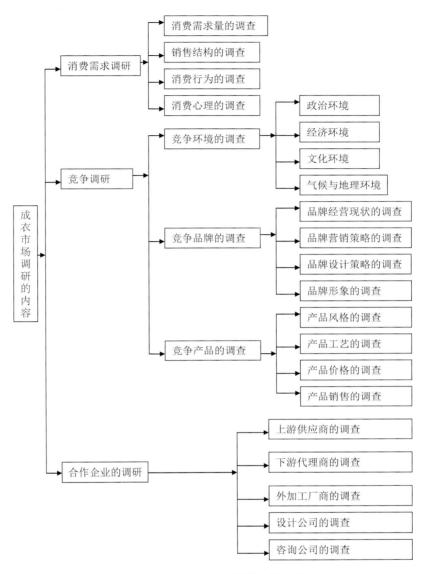

图4-2-1　成衣市场调研的内容

4.2.2 市场调研的基本方法

成衣市场调研一般包含目标确定、计划、执行和结果处理四部分（图4-2-2），但具体来说，不同的市场调研方法，相对应的市场调研步骤也会有所不同，并且成衣市场调研方法对调研结果的准确性影响很大。实际上调研方法有很多，但主要的方法是观察法、调查法和实验法。

（1）观察法。

观察法是通过观察和调研项目相关的人、行为和情况来收集原始数据的方法。设计师必须经常去观察成衣市场、面辅料市场，看时装秀等。敏锐的观察力和分析能力是成为优秀设计师的必要条件。

（2）调查法。

调查法最适合收集描述性数据。当企业需要了解消费者对品牌产品的知晓程度、态度、偏好和购买行为时，常采用直接询问个人的方法。调查法是收集原始数据最常用的方法，有时也是唯一可使用的方法。它使用起来成本低、速度快且比较灵活，可以得到不同情况下的各种数据。

（3）实验法。

实验法适合收集因果信息，它首先要选择被实验的对象，然后在不同情况下，控制影响结果的主导因素之外的其他因素，检验不同组内被实验对象的反应，得出实验产品的因果关系。成衣品牌企业在新理念推出，新产品开发，包装陈列更换，广告、价格变动等方面，都可以通过小批量的实验，得到目标消费者的反馈意见，然后对实验结果进行分析总结，从而决定后期行动。同时，也可以通过展示会、试销会、交易会、订货会等形式进行实验法调查。

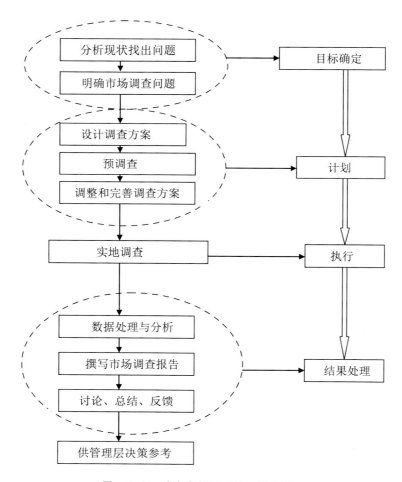

图4-2-2　成衣市场调研的一般步骤

4.2.3 模拟品牌市场调研的方法

模拟品牌市场调研的方法是在服装教学中经常使用的方法。企业设计师调研是在本品牌基础上去寻找新产品开发的要点和市场的热点，了解目标消费群体的生活方式、需求变化，从而针对他们的喜好进行新产品开发，以期得到消费认可。而对学生来讲，他们的调研学习也必须尽量贴近市场，才能采集到比较客观真实的信息，所以学生首先要确定某个成衣品牌作为自己的模拟对象，然后要了解该品牌的品牌故事、理念、品牌形象、消费群体定位、产品风格、产品品种、产品品质、产品价格体系等信息，最后，把个人设想成该品牌的设计师，对所定位的市场进行调研，从而得到新产品开发前的调研信息。

4.2.4 市场流行信息调研的方法

市场流行信息调研一般分为宏观流行信息和微观流行信息调研。

① 宏观流行信息一般是公开的，时间也是比较长的，如色彩流行信息在18~24个月前就已经发布了，款式流行信息也是6~12个月前就发布了，这些信息有专门的研究机构进行采集、分析，通过各种纱线博览会、面料博览会和服装博览会进行发布。此外，还有每年两次的服装大师的信息发布会以及各类专业期刊、影视媒体和网络发布的信息。设计师通过不断地跟踪、观摩，把握宏观流行信息，了解国际、国内的时尚发展趋势和现代生活方式的变化以及最新色彩、纱线、面料的流行趋势。但宏观流行信息并不能解决品牌公司的实际操作问题，只有通过微观流行信息调研才能制订出品牌公司下一步的设计开发计划。

② 微观流行信息是指在把握宏观流行信息的基础上对品牌目标消费群体的再调研。由于消费群体在性别、年龄、文化、宗教、经济、个性修养以及生活环境等方面存在着巨大的差异，他们对流行的认知和采纳也存在着巨大的差异。这就决定了定位不同消费群体的品牌公司在开发新产品之前必须对目标消费群体进行再调研，了解他们对流行的把握度和他们之间的流行倾向。如果说把握宏观流行信息主要采用观察法，那么微观流行信息调研就主要采用调查法和实验法。品牌公司首先要总结自身品牌上一季度的库存，利用大数据分析成衣色彩、面料、款式销售情况，哪些销售得好，原因是什么；哪些销售得不好，原因是什么；同类品牌的销售情况，有哪些热点、突出点。这样可以总结出哪些流行元素在新季度开始时可以继续使用。其次是代理商、批发商和消费者的反馈意见，这些意见的汇总、分析对新产品开发会有很大的帮助。再次，在换季的第一波新产品上市时可以采用实验法来验证新开发的产品是否符合目标消费群体的流行观。

4.2.5 市场调查分析报告

设计师在了解自身品牌定位的基础上进行市场调研分析，得出哪些要素是未来流行趋势，哪些要素是符合本企业要求的，哪些要素是要回避和不适合本品牌定位的市场调查报告。

市场调查分析报告首先要有调查结果和有关建议的摘要，通常用"4W1H"来阐述内容，它们分别是：

① What——发生了什么事，有哪些新潮流，目标消费群的表现是怎样的。

② Why——这类风潮为何产生，能持续多长时间，对目标消费群的影响是怎样的。

③ Who——哪些人在引导风潮，是否会改变目标消费群的生活方式。

④ Where——流行的共性特征在哪里，它波及的范围是怎样的。

⑤ How——如何将各种发现整合成最终可执行的计划。

其次是正文描述，它包含整个市场调研的详细内容，如调研方法、调研程序、调研结果等。其中调研结果应包含：

① 未来流行要素的描述。a. 流行色是什么，有哪些含义。b. 轮廓的发展趋势是怎样的，有什么新特征。c. 面料流行的种类有哪些。d. 要注意哪些细节，包括款式造型细节、面料肌理变化细节、装饰装扮细节和加工工艺细节。e. 成衣整体风格有哪些变化。

② 观察流行趋势的共同特征是什么，这些特征在不同风格、不同性别、不同年龄定位的品牌中的表现是什么，在各类消费群中是怎样体现的。

③ 根源分析，说明这种流行现象发生的原因是什么，它对现代生活方式有无影响。

④ 信息编辑，梳理所有调查信息，把那些对本品牌有用的信息提取出来，进行分析、精简、浓缩，以图文并茂的形式传递给读者，同时必须根据自身品牌特点，从中采集并重新定义符合自身品牌特点的流行焦点。

而对调研方法的描述应该尽量讲清楚采用了何种方法，理由是什么。

再次是结论和建议，根据调查结果进行分析得出结论，必须结合本品牌的实际情况提出其具有的优势和面临的问题，并提出建议的解决办法。有时对建议要做简单说明，使读者可以参考正文中的信息对建议进行判断、评价。

要完成这样的调研分析报告，设计师必须了解自身品牌产品定位的所有内容。

品牌产品定位的过程是通过市场调研分析目标消费群体心理、消费层次，认识品牌企业自身特点，制订相应的战略目标，从而找到品牌产品与目标消费群体之间的切入点，确定相应的产品形式，做到有的放矢，使品牌产品适应目标消费群体的需求，进而引发他们的消费欲望，达到服务满足消费者、企业获取丰厚利润的目标。制订相应的可行性方案，做到定位准确是品牌产品获得市场的基础。

因此，在新产品设计开发之前必须完成这个极其重要的任务。当然，产品定位一般在品牌建立初期就开始确定，并在实践中不断修改、完善。作为非自创品牌的成衣设计师，进入企业的第一步就是要了解品牌的思想理念和产品目标定位。

第 3 节　品牌产品定位

4.3.1 目标消费人群的定位

消费者是企业服务的对象，他们的特点和生活方式决定了其所需要的服务，他们是产品价值实现的终端。因此，目标消费人群的定位决定了企业所有问题（包括经营问题、设计问题、生产问题、管理问题等）的最终指向。所以正确合理的产品定位，需要对成衣消费市场进行认真详细的分析。对设计师来讲，目标消费人群的任何变化都会对品牌企业设计、生产和销售产生影响。

（1）性别对象。

任何一个成衣品牌必须对自己的能力、资金等进行综合评估后才能得出企业服务对象的具体性别。应按照企业的客观情况来确定该品牌所要服务对象的男女性别，然而在当今中性化盛行的年代，某些特殊年龄段的新产品开发可能需要从异性服饰上采集设计灵感。

（2）年龄结构。

市场上的年龄定位除考虑消费对象的实际年龄之外，还需要考虑消费对象的心理年龄。从一般规律来讲，儿童的心理年龄是向上的比较多，他们总想着自己快快长大；而成人的心理年龄通常是向下的，尤其是女性，她们希望自己永葆青春。但着装是根据不同需求而定的，当要表现成熟时，服装款式的心理年龄定位就向上；而为表现青春永驻时，服装款式的心理年龄定位就向下。总之，服装的年龄定位也要研究着装者的具体需求（图4-3-1）。

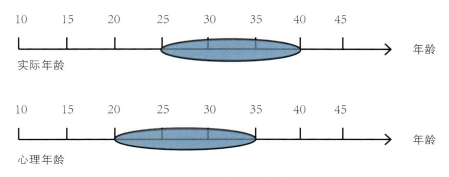

图4-3-1　产品年龄定位

（3）职业特点。

职业的特点会给人的形象打下烙印。传统产业工人的生活方式与教师、机关工作人员明显不同，军人与城市办公职员的生活方式也不同，所以他们对服装的认识和评价一定会带有某种群体性的差异。但同时我们也要注意到随着当今科技的迅猛发展，一方面许多传统产业的生产模式已经发生了巨大的变化，如钢铁工人已经不用在大钢炉前炼钢了，而是像办公人员一样坐在电脑前操作了。另一方面，互联网时代让全球的信息可以瞬间传达到世界的任何一个角落，信息的迅速传播让人们对时尚的把握变得快捷、方便。服装流行元素会在短时间内成为着装者的共性。着装人的职业特点变得模糊了，但职业依然会改变人们的生活习性，而生活习性也一定会影响人们的着装观念。

（4）经济状况。

没有一定的经济基础，服装就只能发挥其简单的实用功能。当今社会人们的收入差异非常大，而服装能够在人们生活的各个经济层面中扮演重要角色，是因为亿万富翁需要与其经济收入相匹配的服装，平民百姓也要有衣服打扮，所以对经济状况的调研与定位显得十分重要。在品牌策划前就应该掌握消费市场的整体经济能力和个体经济能力。整体经济状况是大众品牌服务的对象，个体经济状况往往是小众品牌服务的对象。只有掌握了这些详细数据，再结合其他综合因素，才能确立品牌将面对的是怎样的消费群体。一般来讲，定位于高收入人群的品牌特点是：服务人群少、产量低、品质要求高、价格贵、竞争少；而定位中、低收入人群的品牌特点是：服务人群多、产量高、品质要求适中、价格要求适中、竞争相对激烈。

（5）文化程度。

一个人文化程度的高低与其文化修养有很大的关系，但这不是绝对。文化程度高相对来说文化修养也比较高。当然，如果细分一下，文化修养与学习专业也有一定关系。理科类对人文学科的学习和修养相对少些，文科类更接近人文学科。但无论是何种学科，文化程度的高低会影响人的文化修养，而不同的文化修养将直接指导服饰审美观。文化修养直接影响人的审美观和价值观，在服饰世界中有怎样的文化价值观就会有相应的成衣产品。

（6）个性气质。

个性是带有个人倾向的本质，是比较稳定的心理特性的总和，包括兴趣、爱好、能力、气质、性格等因素。消费者的个性不同，对服装美的认同度、购买行为都有很大差异。

（7）文化习性。

它包含着文化风俗、习惯、宗教、民族性等。不同民族、不同宗教、不同文化背景、不同风俗习惯的人对服饰有着不同的认知。设计者应该了解这些特征，再结合时尚要素，才能设计出符合当地群体所需求的服装。

（8）生活方式。

生活方式可以说是以上各要点的总和。消费者对服装的认知和购买行为受到他们生活方式的影响，他们穿着什么样的服装也是他们生活方式的反映。

（9）家庭人员构成。

家庭人员直接影响服装的购买情趣，孩子、老人、爱人都是购买服装的动因。

（10）地理、地区。

服装的销售与地理位置有着密切的联系，正可谓一方水土养一方人，人总是在不同的自然环境下寻找最佳的生存法则。所以，不同的地理环境对服饰要求的差异性非常大。

4.3.2 品牌的服务定位

服务是由活动、利益或满足组成的用于出售的一种产品形式，它本质上是无形的，对服务的出售也不会侵犯服务的所有权。企业向市场所提供的，既包括有形的产品，也包括无形的服务。

服务定位来自企业家对本企业的最初构思。在进行服务定位时，企业必须考虑服务的四个特点：无形性、不可分性、可变性和易消失性（图4-3-2）。

对于服装企业来说，服务定位与形象定位、产品种类定位紧密相连。消费者在购买不同的产品时所期待得到的服务是不同的。

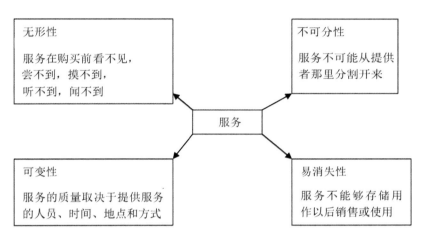

图4-3-2　品牌服务定位

4.3.3 品牌产品品种的定位

（1）产品档次的定位。

当今任何种类的成衣市场都有高档、中档和低档的区分。档次的确定使设计师可以有针对性地进行市场调研，也为面辅料的选择、加工工艺难易度的选择、目标消费人群的衣着要求和最终成衣价格的制定等提供了一个依据。

（2）产品批量生产的定位。

产品批量的生产量要根据特定地区消费能力、人口流动、经营策略、营销口岸以及产品的市场占有率等因素来确定。批量的大小与产品档次往往成一定的比例关系。一般来讲，产品批量大的通常档次较低，针对大众消费；批量小的档次较高，针对的是小众消费。当然批量与产品的设计风格也有关，有些服装风格只适合小众人群，如前卫另类风格的服装。批量还与气候和服装种类有关，如暖冬的出现会对某些冬装批量生产产生一定的影响。

（3）产品品种类型的定位。

产品品种种类的定位是根据企业的目标消费群体定位、季节地理因素和生产加工资源而定的。如果企业的目标消费市场在广州、新加坡，即便是秋冬装可能也不会安排羽绒服这一类品种；而如果企业的目标消费群体是少女，那么北方市场的秋冬装中也有可能出现短裙这样的款式。所以，要根据目标消费群体的定位来确定企业设计、生产、销售产品品种类型的定位。除此之外，不同地区、不同季度都应按照地区、季节特性对产品品种进行再分析、再定位。

产品品种类型定位的具体方法可以从性别、年龄、面辅料（可分为机织类、针织类、毛织类、牛仔类、棉衣类、羽绒类等）、穿着位置（可分为内衣类、上衣类、裤类、裙类等）、穿着场合（可分为正装、休闲装、制服、运动服、婚礼服、晚礼服等）进行分类。

4.3.4 品牌产品设计风格的定位

在成衣市场中，风格定位往往是设计的核心问题。在当今细分的服装市场中，哪家企业产品的风格特征能抓住消费者的心理需求，哪家企业的产品就能赢得市场的青睐。

（1）色彩风格。

色彩风格是指整体产品的组合色调，并非单个颜色。无论流行时尚如何变化，成功的服装品牌都具有自己独特的色彩风格，而这些具有个性的色彩就形成品牌的色彩形象被相对固定下来。当然，在企划设计中色彩设计是非常重要的一环，它随着时间、季节、销售地区和流行趋势的变化而变化。但任何流行色的应用都必须融入品牌形象色系中，这样才能使品牌保持自己的个性。

（2）面料风格。

面料风格是指整体产品面料组合风格，包括原料类型、织造风格（手感、肌理、视觉感受等）、织造图案等。面料风格确立是品牌形象的要素，并不是指某个特定季节中所要开发使用的面料。如日本设计师三宅一生（Issey Miyake），他的褶皱面料已经是他的品牌风格；而著名品牌巴宝莉（Burberry）的英伦风格的格子料也是它的品牌形象。

（3）款式风格。

款式风格一般是指服装的线条风格，包括轮廓线条、结构线条和装饰线条。款式在设计中按季节时间、地理位置、消费人群和流行等要素进行各种变化，但整体服装的款式风格应该保持不变，它是消费者忠实于该品牌的基础和保证。

（4）产品风格。

产品风格是综合了色彩、面料、款式这三大要素后给品牌产品确立的一个风格体系。品牌产品风格可以是单一性的，也可以是复合性的。但风格特征必须清晰，这样才能保证设计团队设计出风格一致的成衣产品，才能让喜爱这一风格的消费者忠实于这个品牌（图4-3-3）。在成衣市场中，产品风格通常有经典商务风格、古典优雅风格、洛可可风格、巴洛克风格、绅士风格、英伦风格、淑女风格、浪漫风格、甜美少女风格、休闲风格、运动风格、田园风格、军旅风格、嬉皮风格、狂野性感风格、前卫另类风格、街头玩耍风格、男装女性化风格、女装男性化风格、中性化风格等。在同样的风格定位中还可以进行细分加以区别，如休闲装可以细分为生活休闲风格、运动休闲风格、旅游休闲风格、职业休闲风格等。另外，还可以在突出一种主要风格的基础上融入其他风格，如在商务服装中可以偏向英伦风加浪漫，可以偏向田园风加性感，还可以偏向中华风加休闲等各种组合重叠的风格。当今趋向饱和的服装市场上只有具备鲜明品牌个性的风格，才能吸引那些对品牌理念有认同感的消费者前来认购并忠实追随。

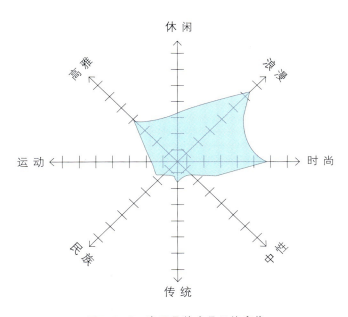

图4-3-3　表明品牌产品风格定位

4.3.5 品牌产品产销方式的定位

产销方式指产品的生产方式和销售方式。

① 组成产品的方法包括生产方式和买手采购。一般来讲，有独立生产能力的品牌企业灵活性比较强，能根据市场变化及时调整；以委托加工为主的品牌企业风格比较明显、计划性比较强；而部分配搭产品或特殊工艺产品则通过买手采购（图4-3-4）。

② 销售方式。销售方式包括批发、代理、百货商场零售、专卖店零售以及网络销售等形式（图4-3-5）。其中批发和代理企业回笼资金比较快，库存压力不大，但利润少。百货商场和专卖店零售利润比较高，但销售延续时间长，回笼资金慢。近几年快速发展的"快时尚"模式往往都以直营的方式，通过短期、高效、快速的物流调配得到产销平衡。

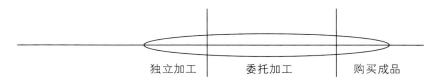

图4-3-4　表明自主加工占1/4，外加工占1/2，买手采购占1/4

图4-3-5　销售方式定位

4.3.6 品牌产品工艺品质的定位

质量是企业生存的基础，也是品牌形象的可靠保证，恰当的质量标准是依据产品档次定位而确定的。合理的利润空间是维系企业的基础，恰当的质量标准既维护了消费者的利益，也保护了企业自身利益。

4.3.7 品牌产品规格的定位

产品规格定位是根据各地区、各种族在身高、体型、消费习惯等方面的不同来制定的，每家品牌产品规格首先要符合国家的号型要求，再根据企业的目标消费人群而制定。

4.3.8 品牌产品价格体系的定位

服装市场对价格的上下波动非常敏感，所以在进行品牌定位时必须对产品价格进行设定。其设定的依据是目标消费群体定位，再根据市场中这一群体的消费习惯和其能够承受的价格来制定本品牌的价格体系，制定出价格的波动范围（图4-3-6）。其设定的方法可以是粗略的，表明本品牌产品的价格空间是怎样划分的；也可以是比较细致的，价格体系是以产品种类来制定。价格体系的制定可以明确销售对象，并加以研究，也可以更好地指导设计团队，合理使用材料和生产工艺，以便控制成本。

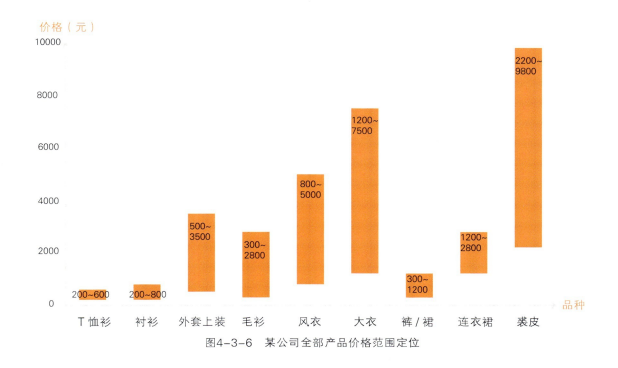

图4-3-6　某公司全部产品价格范围定位

4.3.9 品牌形象的定位

品牌标识是品牌形象的基础，品牌形象与消费人群的定位密切相关。成衣品牌形象主要包括店面设计、陈列装潢、吊牌、衣架、包装袋等。当然，品牌形象对消费者影响最大的是品牌店所设立的地理位置。一般而言，每个城市都会有自己的商务中心，而商务中心往往又被分出高、中、低不同层次，所以不同的成衣品牌应该寻找与其消费人群定位相应的城市地理位置开设专卖店，设立自身的品牌形象。

 考 题

1. 以5～6人为小组畅谈市场调研的重要性。

2. 以5～6人为小组在成衣市场上选择两个消费人群定位、产品风格、经营方法相似的品牌进行调研对比，指出它们竞争中的共同点和不同点。

3. 了解品牌定位的重要性，模拟某种风格的品牌，自己建立一个虚拟品牌进行市场定位练习。

第5章　成衣设计的企划

本章导读

　　成衣产品设计企划是在对目标消费群体认知的基础上进行的，以保证品牌文化、理念、形象、档次和市场认知度为前提，在开发新产品中提出一整套解决方案，用于实现企业的营销目标，把企业中的相关部门和工作顺序串联起来，以便得到最佳工作效率。它是企业在开发新产品中实现系列化管理的依据，是企业的品牌文化和理念融入产品开发设计、生产和销售的保证，也是目标消费群体能够持续得到品牌服务的基础。

　　本章系统地介绍了品牌成衣产品开发企划的要点、季度主题版设计的重点、品牌产品品种架构、品牌产品开发时间计划和品牌产品上市时间计划，结合当今成衣市场的特点详细说明了不同时间、地点、规模、品牌理念、产品风格、消费人群定位、市场占有率等对季度产品企划设计的要求。

第1节　品牌成衣产品开发企划概述

　　"商品企划"的英文是"Merchandising"。"Merchandise"原意是指商品（产品）、买卖，"Merchandising"的意思是"为了使市场营销活动达到最佳效果，对商品营销时间、场合、价格、种类以及宣传广告、商品陈列所进行的策划"。

　　最初在西方商品企划的定义是"为了在适当的时间，以适当的价格向市场提供恰当数量的恰当商品而进行的策划"。

　　到了20世纪60年代，商品企划的定义被修改为"企业为实现营销目标，采用最为有利的场所、时间、价格、数量，将特定商品推向市场所进行的计划和管理"。

　　面对竞争日趋激烈的成衣市场，企业必须把握住市场和消费者动向，制定有效的品牌成衣商品企划方案，提供能满足消费者需求和欲望的成衣商品。

5.1.1 品牌产品设计企划的目的与意义

谈到成衣产品设计企划，首先应了解设计的定义，设计就是设想、运筹、计划与运算，它是人类为实现某种特定目的而进行的创造性活动。它的核心内容包括三个方面：

① 计划，即构思的形成。

② 视觉传达的方式，即把计划、构思、设想、解决问题的方式利用视觉的方式表达出来。

③ 计划通过传达之后的具体应用。

20世纪60年代后，国际上出现了设计方法学的现代设计理论与方法的新学科。设计方法学是从战略上研究设计进程的各种步骤，防止或最大化减少设计失误，避免大的损失。现代设计理论与方法是从战术上研究设计如何具体实现，它正向着设计科学发展，研究创造性思维学、设计方法学和现代设计理论等，是设计作为科学体系的主要内容。

广义的品牌产品设计企划范畴是，从服装产品的定位、设计概念的提出、开发设计的制订、系列设计的深入到对设计的评论、筛选与反思等一系列的活动。

狭义的品牌产品设计企划含义是，针对目标消费群，对某个时间段内（单季、双季或一年等）上市的服装产品进行整体的规划与控制，尤其是规划产品的方向、结构、比例关系以及各产品开发的前后关系等。它所强调的是设计任务的清晰化、设计思维的有序化、设计进程的条理化，注重设计结果的结构性、逻辑性和搭配性。它涉及的范围涵盖了从构思到产品实现的全过程。

总之，商品企划是指企业拟订计划和制订管理方案，将顾客的需求转化为商品并提供给市场相应的管理技术。也就是说，成衣商品企划是服装企业为实现营销目标，采用最为有利的场所、时间、价格、数量，将一个季节的系列服饰商品推向市场所拟订的计划和管理实施方案。

品牌成衣产品设计企划的任务就是针对营销目标提出一套整体解决方案，用以保证顺利实现企业的经营活动。它把企业实际运作中的各个环节串联起来，形成一系列相互关联、前后有序的具体任务。在整个过程中，力争使各个环节和各项任务都达到最佳效果，并且使它们服务于同一最终目标，因此，它的主要意义是实现了企业系统目标管理的职能。具体来说，它包含品牌产品的设计理念，决定新季节成衣商品的主题，规划整个设计、生产过程的时间以及新产品上市的时间等。

5.1.2 品牌成衣产品企划流程

设计部进行成衣产品规划时需遵循一定的流程（图5-1-1），这个流程的周期一般为一个季度。

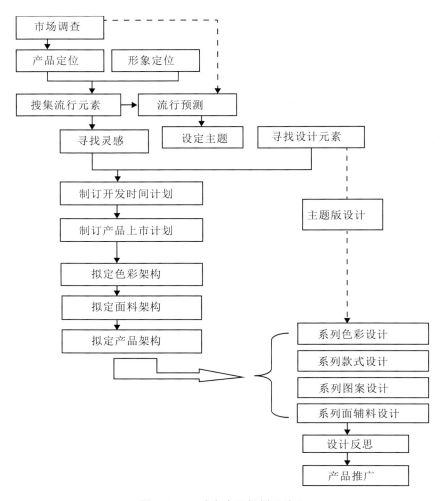

图5-1-1　成衣产品规划总流程

① 市场调查——充分了解市场需求和变化。

② 产品定位——对目标消费群体进行定位，对企业将提供的服务进行定位，对产品类型、设计风格、产销方式、工艺品质等进行定位。

③ 搜集流行元素和流行预测——对目标消费群体的未来需求做出判断。

④ 寻找灵感、设定主题和寻找设计元素——寻找与目标消费群体的共鸣点。

⑤ 拟订计划——一旦主题确定下来了，设计团队就可以行动起来了，这时就需制订开发时间计划和产品上市计划，为与产品开发相关的各个部门的合作制订计划。开发时间计划一般规定了设计时间进程和打板时间进程，产品上市计划则为新产品下单生产和销售提供依据。

⑥ 拟定色彩架构、面料架构和产品架构——规定大致色彩种类、面料品种和款式数量。

⑦ 深入设计——进行系列色彩设计、系列款式设计、系列图案设计、系列面辅料设计、服装配件设计等。

5.1.3 成衣产品开发企划的要点

现代成衣设计、生产、销售都是围绕春、夏、秋、冬四季来进行产品开发的。国际上通用的做法是以春夏季和秋冬季作为一年两次系列服装作品展示发布会，而成衣销售商也是围绕这两次服装发布会进行订货采购。生产厂家再根据订货数量进行生产加工，真正进入销售流通环节常常是半年以后的事。所以，成衣企划、设计必须有个提前量。至于提前多少时间要根据企业规模、成衣品种、产品风格、销售地区的差异而有所不同，并没有统一标准。比如，企业的营销市场在南方地区，春夏装的上市时间就要提前；而在东北地区，春夏装的上市时间就会延后。以上海为例，品牌成衣的春夏装一般在每年的3月1日到当年的8月底，而秋冬装从9月1日到次年的2月底。这个安排并不是一成不变的，我们中国人的生活习惯是根据春节日期变化而有所调整。高级成衣一般只遵循每年3月上春夏装、每年9月上秋冬装的原则，而对何时上夏装或冬装并不讲究，原因在于它所针对的消费群体是高端小众人群，他们的生活方式对自然季节变化并不敏感。

第2节　品牌产品品种架构

产品架构的拟定是成衣产品规划中的理性环节，它起到了承上启下的作用，并将成衣设计的种类、数量具体化、清晰化。产品品种的确定，首先要考虑品牌风格因素，比如，定位于经典、高档商务品牌的成衣一般不会放入棉毛衫、棉毛裤这些品种；同样，定位于休闲运动品牌的成衣也不会放入礼服这种品种。其次要按照时间季节来安排产品品种，甚至要咨询不同地区产品上市时的天气预报。再次，还要根据流行发展趋势和生活习性变化来设定产品品种，比如，近年来，冬季少女装中常常能看到超短裙设计，这是因为目前流行把超短裙或短裤穿在紧身长裤或长筒袜外面。所以每个季节、每一个上市波次放什么品种服装、放多少数量，不仅和品牌的消费群体定位、风格定位有关，也和季节变化与流行趋势有关，甚至还和企业内部库存有关。表5-2-1为某虚拟运动品牌的春夏产品结构设计（其中包含品种、数量、价格）。

第3节　品牌产品开发时间计划

开发时间计划规定了整个开发环节的起止日期，包括设计部与板房的时间安排，一般开始的时间比较模糊，终止的日期比较明确。设计部的开发终止时间为设计团队规定了任务完成的最后

表5-2-1　某虚拟运动品牌的春夏产品结构设计

期数		第一波马球 24		第二波橄榄球 22		第三波马球 25		第四波橄榄球 18		第五波冲浪 16		第六波冲浪 35		价格定位
组别	单品	款式数量	颜色数量	款式数量	颜色数量	款式数量	颜色数量	款式数量	颜色数量	款式数量	颜色数量	款式数量	颜色数量	
梭织 上衣	T恤			1	1	12	10	11	11	3	3	6	6	299~499
	长T恤			8	8					3	3	2	2	599~799
	短衬衫	2	2	8	5	3	2							599~899
	衬衫	3	3					2	3			6	6	
	棉外套	6	4	2	3	1	1	1	1	1	1	6	6	899~1299
	马甲									1	1	2	2	399~499
	背心													
	西装	6	4							1	1			1099~1899
下衣	短裤	1	1	3	3	3	3	3	3	3	3	13	10	699~899
	长裤	11	7	3	3	2	2	3	3	2	2	2	2	799~1599
针织	毛背心					1	1							
	套头衫	1	1											899~1299
服饰用品	皮带	15												399~699
	包	8												699~1099
	帽	6												399~499
	鞋	11												799~1599
	手表	7												
共 140 款　　　梭织货品比例 98.5%　　　针织货品比例 1.5%														

期限，团队必须在该日期前完成所有的设计，包括所有的款式设计稿、色彩搭配方案、面料搭配方案、图案设计稿等。板房开发终止日期在订货会的前一周或两周，这段时间用于最后的样衣系列整理、修改，样衣制作，订货会筹备等。也就是说，在每一季的产品开发时间计划中以订货会为产品开发的结点，有计划地安排每项工作完成的时间点。如：以上海为例，订货会通常安排在第一波新产品上市前3~5个月。春夏装的订货会考虑到春节因素会安排在上一年的10月或11月举办，而秋冬装的订货会一般会安排在当年的6月或7月，这样在订货会后到新产品上市就可以有比较充裕的时间用于生产。所以，设计总监需要制订一个整体的工作计划表，以便把握好工作进度（表5-3-1）。

以上的产品开发计划表主要是针对常规时尚品牌服装企业，随着"快时尚、快消费"的冲击，传统常规的产品开发周期越来越不能适应新形势、新潮流、新节奏的发展要求。一些"快时尚"品牌纷纷突破产品开发的时间周期，以尽量短的时间完成一波又一波产品开发。一部分企业以密集订货会形式向市场推出新开发产品；而一些资金实力雄厚的企业直接取消了订货发布会的形式，以自主直营的方式，按时间季节周期，以小批量、多品种的方式向市场推出新产品。

表5-3-1 ××品牌上海地区春夏装产品开发工作计划表

月份	六月				七月				八月				九月				十月				十一月				十二月				一月				二月			
周数	1	2	3	4	1	2	3	4	1	2	3	4	1	2	3	4	1	2	3	4	1	2	3	4	1	2	3	4	1	2	3	4	1	2	3	4
市场调研	■	■	■	■																																
完成企划			■	■																																
采集样衣面料				■	■																															
款式设计					■	■	■	■	■	■	■	■	■	■	■																					
内部设计稿审核											■	■																								
制版与样衣制作												■	■	■	■	■	■	■																		
样衣审核与产品系列化组合																		■	■																	
订货会准备																			■	■																
订货会																				■	■															
完成工业生产样板																					■	■	■	■												
采购大货面辅料																					■	■			■	■	■	■								
新产品生产																							■	■	■	■	■	■	■	■	■	■	■	■	■	■
新品入库																																				■

5.3.1 产品开发时间计划的制订原则

由于企业规模、产品市场占有率、产品结构与风格以及成品库存率和材料库存率、资金周转、加工周期、内部审核频率等因素各不相同，不同企业的工作计划一定是不同的，但有些基本原则需共同遵循。

（1）紧凑。

尽量紧凑，保持较快的进度。一般单季整体开发时间不超过三个月，进入产品设计前，至少需要两周进行调研，制订详细的开发计划，而样板设计与制作结束后，至少需要两周进行调整，拍摄宣传册，筹备订货会。所以，一般将样板设计制作时间限定在两个月内。

（2）弹性。

所谓的"弹性""非弹性""不均等性"，是指在季度设计的过程中设计的速度时缓时急。

一般设计过程会不断循环地经过以下三个阶段。

① 尝试阶段。设计主管会放手让设计师们大胆地进行不同风格的尝试，鼓励新颖手法，允许设计风格多样化。

② 深入阶段。该阶段是明确系列化设计方向、丰富设计细节的阶段。

③ 完善阶段。将设计进行调整、补充和提升。

5.3.2 新品设计开发时间计划的方式

（1）不同系列相继进行。

这种方法适合规模较小的设计部，由于设计师人数不多，只能进行相继开发的步骤（表5-3-2）。但这种方法也有好处，它便于设计总监检验设计思路并逐步完善和调整产品，以便与实际市场接轨。

（2）不同系列同时进行。

这种方法适合规模比较大的设计部门，采用多个设计小组同时开发不同系列产品（表5-3-3）。这种方法的效率比较高。

表5-3-2　不同系列相继进行的新品设计开发时间计划

任务		第一周	第二周	第三周	第四周	第五周	第六周	第七周	第八周
		04.01～04.07	04.08～04.14	04.15～04.21	04.22～04.28	04.29～05.05	05.06～05.12	05.13～05.19	05.20～05.26
第一主题系列	设计	■	■	■					
	初板		■	■					
	复板			■	■				
第二主题系列	设计			■	■	■			
	初板				■	■			
	复板					■	■		
第三主题系列	设计					■	■	■	
	初板						■	■	
	复板							■	■
第四主题系列	设计						■	■	■
	初板							■	■
	复板								■
备注									

表5-3-3　不同系列同时进行的新品设计开发时间计划

任务		第一周 04.01~04.07		第二周 04.08~04.14		第三周 04.15~04.21		第四周 04.22~04.28		第五周 04.29~05.05		第六周 05.06~05.12		第七周 05.13~05.19		第八周 05.20~05.26	
第一主题系列	设计	■	■	■	■	■	■	■	■	■	■	■					
	初板		■	■	■		■	■	■	■	■	■					
	复板					■	■	■	■			■	■				
第二主题系列	设计	■	■	■	■	■	■										
	初板			■	■	■	■	■	■								
	复板							■	■	■	■			■	■	■	■
第三主题系列	设计	■	■	■	■	■	■										
	初板		■	■	■		■	■	■	■	■						
	复板					■	■	■	■	■	■						
第四主题系列	设计	■	■	■	■	■	■										
	初板				■	■	■	■	■								
	复板						■	■	■			■	■	■	■		
备注																	

第4节　品牌产品上市时间计划

不同品牌产品上市时间间隔是不同的，通常有实力的服装品牌在一个季节（三个月）内至少推出三次新产品，但决定产品上市间隔的因素是多种多样的。我们通常把这种产品上市间隔称为上市波段。一般而言，产品定位高端消费人群和产品风格属于小众人群的品牌，上市波段比较稀；产品定位大众消费人群或产品风格时尚度比较高的品牌，上市波段会比较密。

5.4.1 品牌产品上市计划的内容

品牌产品上市计划应该按照品牌企业的实际能力、市场占有率、品牌风格、季节、地区等因素进行合理的企划设计。品牌计划制订不仅要根据每个不同主题要求进行系列化搭配，逐步按计划推向市场，还需要有承上启下的方法延续品牌风格的一致性。即便是春季的第一波产品也应与去年冬季最后一波产品的风格、品种、颜色有一定的延续性和连贯性。所以，在品牌产品上市计划中除了要表明时间、品种、数量这些基本要素外，还应该表明颜色、主题等内容。表5-4-1为某小众品牌的春夏季上市波段表，该表清楚表明系列产品种类、上市时间、数量、颜色搭配、所占比例。

表5-4-1　某小众品牌的春夏季上市波段表

款式		Spring 1 02/04 数量/配色	Spring 2 05/01 数量/配色	Summer 1 07/15 数量/配色	Summer 2 10/01 数量/配色	All / 比例
外套	长款外套	4	3			7/11.7%
	短款外套		1	1		2/3.3%
	西便装	2	2			4/6.7%
	风衣	2				2/3.3%
	马甲		1		1	2/3.3%
	披风	1				1/1.7%
毛衫	长开衫	1	2			3/5%
	背心		1			1/1.7%
衬衫			1	1		2/3.3%
针织衫	长款针织衫		1	2	3	6/10%
	背心			2	3	5/8.4%
裤装	长裤	1				2/3.3%
	哈伦裤		1	1	1	3/5%
	连衣裙	2	2	5	6	15/25%
裙装	长裙			2	1	3/5%
	半裙			1	1	2/3.3%
合计 / 比例		13/21.6%	16/26.7%	15/25%	16/26.7%	60/100%

5.4.2 品牌产品上市时间把控要求

品牌产品上市时间受品牌所定位的消费对象、风格、档次、季节、节假日、地区等多种因素影响。

① 要依据品牌定位来计划新产品上市波段。如：经典成熟品牌，由于其产品和客户相对稳定，上市波段会比较少；而运动休闲品牌，由于受众面比较大，客户流动性比较大，上市波段会比较密。一般来讲，小众品牌上市波段比较稀，大众品牌上市波段比较密；高端品牌上市波段较稀，低端品牌上市波段较密。儿童服装品牌和中老年服装品牌受节假日影响比较大。

② 要按照季节变化决定产品上市波段时间。一般来讲，在春夏季的上市波段安排中，春季产品销售时间比较短，而夏季产品销售时间比较长。在秋冬季上市波段中，秋季产品销售时间比较短，冬季产品销售时间比较长。这样在中国南方地区春、秋季产品上市波段就比较稀，夏、冬季产品上市波段就比较密。

③ 不同地区的产品上市波段应该是不同的。比如，在我国的广州、深圳地区，春季第一波可能在春节期间就开始了，而在哈尔滨春季的第一波也许要在五一劳动节后才开始。所以，在制订新产品上市波段时一定要考虑当地的气候特点。

④ 产品上市要考虑节假日的特点。在我国，元旦、春节、五一劳动节、十一国庆节都是重大的黄金购物期，作为商品的成衣产品当然要抓住这样的销售旺期。而不同定位的成衣产品对各种特定节日都应该安排特定产品上市波次，如童装要把握儿童节，成熟女装要把握妇女节、母亲节，淑女装、少女装要把握情人节、圣诞节等。

⑤ 在竞争激烈的成衣产品市场上，企业必须根据自身风格特点、市场份额、销售规模以及库存情况来确定春夏或秋冬新产品开发上市的总量。一般来讲，小型企业面向一两座城市的成衣市场，半年的新款在200款以内；大型企业面向全国市场，半年的新款在200～400款之间。当然不同风格定位的要求是不一样的，如ZARA、H&M这种"快时尚"风格的品牌，半年要推出的款式会更多；而一些经典商务男装风格的品牌，半年要推出的新款可能不足100款。

⑥ 要想在竞争中获胜，企业还必须在每季的系列产品中有计划地拿出几款拳头产品（俗称"主推款""推荐款"）和一两款"形象款"，而"常规款""内搭款"是完善系列产品的必需品。有时在特定条件下，可以和销售部门协商后推出"促销款"来抢占市场份额。这些产品的上市时间都应该围绕销售计划而进行差异化的安排。

第5节　主题版设计

在品牌成衣设计中，概念通常用"形象"和"主题"来表述，在品牌概念策划时首先要明确品牌形象，只有确立了符合品牌的形象，才能体现出服装的品牌风格和这一季商品策划的中心线索。设计概念是整个成衣设计的基础，所有的商品策划和销售都是从这个概念开始的。设计总监提前半年到一年就要提出下一季度的设计概念，并制成图形或图表向公司内外与开发产品有关的人员进行具体解释，便于大家理解和把握这个概念，从而有利于设计开发、生产销售。设计概念并不是按设计总监个人喜好来随意决定的，而是在企业的经营策略、品牌所追求的理念和想要塑造的形象的基础上，加上深入详细的市场调研结果，对下个季度具体商品计划做出的新的概念策划。其中设计概念要十分明确，成衣设计时所需要的设计主题、色彩、面料和基本款型缺一不可，只有在这四大要素都非常明确的情况下，新产品开发设计、生产销售才有可能顺利进行。

大多数品牌成衣企业选择在春夏、秋冬两个结点进行季度企划书制订，也有个别企业按自然季节变化分四季做企划书。无论哪种方法，品牌成衣季度企划都是按季节的变化来设定的。在这些季节中，既包括春、夏、秋、冬四季，也包括各种节假日，这些带有特定文化内涵和生活习性的节日是我们在做企划书时要进行仔细研究并加以开发利用的。而在开发新产品时要按照时间季节的特点和流行要素进行创造性设计，在设计过程中首先遇到的问题是如何保持品牌产品原有风格的一致性，其次是如何让开发团队在把握一个新的思想观念的同时创造出有延续性的新品。为此，成衣设计总监就需要用主题概念来统一团队的设计思路。

主题的确定是设计作品成功的重要因素之一。设计的艺术性、审美性以及实用性通过主题的确定充分体现出来，同时主题的确定又能够反映出时代气息、社会风尚、流行风潮及艺术倾向。主题制订的好坏体现了设计总监的基本功力，设计总监的重要职责之一就是寻找各种新鲜灵感，收集各种流行信息，将它们吸收转化为符合本品牌形象的、新鲜的组合，制订出新一季的主题。

对于一个成熟的服装品牌来说，新产品的创新性不仅仅在于款式的变化，甚至有的品牌常年销售的款式也大同小异。设计的创意还存在于许多方面，色彩、面料、辅料、图案、搭配方式等都大有文章可做。主题的确定包含了所有的这些方面。一般来讲，品牌成衣企业在春夏或秋冬的企划书中安排四个主题的比较多。

5.5.1 主题概念设计

广义的主题包含了文字概念、色彩概念、面料概念、款式概念等内容。

狭义的主题则仅指文字部分，即文字概念。

文字概念是指对一种设计风格和设计思路进行概括的一个题目和设计概念。这样一个题目和设计概念可以引发一个有魅力的故事来丰富产品的内涵，吸引顾客。通常整个新季度的产品有一个大主题，然后每个小系列产品有小主题。所谓大的设计主题是指对整体服饰流行风格进行分析归纳后所设定的设计主题。

确定风格→通过风格联想确定关键名词→通过风格联想确定关键形容词→通过风格联想确定关键动词→将各种有意义的关键词进行混搭，颠倒顺序→展开联想，创作主题故事。

不同档次、不同风格的品牌需要截然不同的主题。同一品牌推出的主题应有共同的特征，这样才能在不断的新产品推介中加强消费者对该品牌的认识。

在具体制作主题概念时应该对各种调研信息进行筛选、分析，选择一至四个与品牌形象最为接近、符合设计总监对下一季产品的构思、能够表达品牌理念的关键词，确定为下一季的主题。主题名词应选择当时可能成为人们关注的话题或对人们有影响的事物。首先，主题必须具有时代感，让人一看立刻就能明白主题思想与品牌所推崇的生活方式和审美价值。其次，主题必须是在充分调研目标消费群体需求的基础上进行设定的。只有明确了设计主题，才能确定成衣的品牌风格和下一季成衣设计的中心线索（图5-5-1、图5-5-2）。

"夏沫"系列

无论回忆多么疯狂或唯美地驻扎在我们的大脑内，更加明亮的色调赋予了我们生命的力量。自然界依旧是色彩的催化剂，因此诞生了各种调子的"夏沫"。传统与现代的元素相互结合，女人的衣橱开始回归自由自在，而它总是会带给我们不同的感受。

主要的色板采用了黑白灰为主色，蕾丝为辅料，有画龙点睛之用。

服装的轮廓呈现出简洁与时尚的质感，形成时尚而简约的着装感。

图5-5-1　主题概念

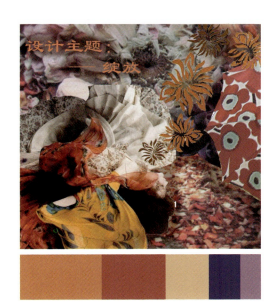

图5-5-2　主题概念——绽放

图5-5-3　主题色彩概念设计

5.5.2 主题色彩概念设计

　　色彩概念是指最能表达主题概念的一组色彩，而非单个色彩。色彩概念应该与主题概念相一致，是主题概念的可视表述。同时，色彩概念设计必须在保持品牌服装基本色调的基础上恰如其分地结合流行色的使用。

　　确定色彩概念的方法多种多样，可以将各种灵感来源的色彩进行解构、组合与再创造，也可以从各种因素（如人文因素、信息传达因素、空间因素、材料因素等）出发进行构思。

　　主题色彩设计一般是单季流行色与品牌色彩风格的结合。

　　所谓流行色是指在一个季节中最受消费者喜爱、使用最多的颜色。流行色的预测是否准确直接影响着商品销售的好坏。色彩的流行，在某种程度上可以根据当时人们的心情情绪和心理倾向以及实际在市场上流行的东西来加以分析和预测。

　　只有将流行色与本品牌的色彩风格有机地结合起来，调和成新的品牌季度色，融入新季度产品中，才是真正有价值的。设计总监的职责之一是收集各种流行色的预测信息，并在其中选择恰当的色系，将它们吸收转化为符合本品牌形象的新鲜色彩组合。色彩概念可以通过色彩概念版来表达。

　　总之，品牌的色彩形象具有强烈的品牌个性和季节性，在季节之间既有连贯性，又有跳跃性（图5-5-3）。

5.5.3 主题款式概念设计

　　品牌成衣都有自己固定的款式风格，但在进入新的季节时必须在新的主题思想指导下有新的款式变化。这样的新款式既要符合品牌的一贯风格，又要体现时代性和流行趋势，还必须是时令适穿的款式（图5-5-4）。

图5-5-4　主题款式概念设计

5.5.4 主题面料概念设计

　　面料概念是指最能表达主题概念的面料组合，这种组合是意向性的，并非最后用于制作成衣的面料。设计总监必须非常敏锐地了解市场流行面料，并提出未来面料风格发展的方向，以便设计师去寻找既能符合主题思想又是未来市场流行的面料（图5-5-5）。

图5-5-5　主题面料概念设计

5.5.5 主题服饰配套概念和陈列展示概念设计

　　现代品牌成衣企业都非常重视服饰配套，而所有的服饰配件必须和主题概念设计要求相一致，起到烘托主题、展示服装的效果（图5-5-6）。

　　为得到与主题思想表达一致的展示效果，在主题版设计中也会把陈列效果设计出来，强调服装的整体要求（图5-5-7）。

浅口单鞋
Shallow Mouth Shoe

　　浅口单鞋是每个女性鞋柜的必备鞋款，简单的款式能够很好地与衣服搭配，在穿着上也比较便利，多变的风格适应各种场合。

图5-5-6　主题服饰配套概念设计

- 图案上衣
  搭配素色裤子

- 简单上衣
  搭配格子裤

- 可搭配方巾、
  草帽等配件

图5-5-7　主题陈列展示概念设计

5.5.6 主题整体概念版设计

综合表达是指将激发灵感的色彩、图像、实物以富有新鲜感的方式组合在一起。它是将主题概念（文字）、色彩概念（图片或实物）、面料概念（图片或实物）、款式概念（图片）整合成一个主题概念版，设计总监的灵感通过图片整体地表达出来，这样可以让设计师们一目了然，清楚地知道该主题主要表达什么内容（图5-5-8）。

2019夏季主题：深海游花　　**意境图片**

如蓝宝石般的光泽，如夏日海岸的冰爽，本次主题灵感来源于某次深海之旅。净蓝色真丝面料与印花面料的拼接，撞色效果搭配大宝石戒指，真丝质地的高跟鞋，处处体现着我们高调的生活方式。

浅淡光亮的色彩，高贵温馨，有着空气般的轻盈，让女士增添不少温婉可人的气质；再加入弹力棉、涤纶、氨纶等合成纤维，使穿着更舒适，也更易于打理。

系列色彩

图5-5-8　主题整体概念版设计

思 考 题

1. 品牌成衣企业为何要做季度企划？

2. 为何企划书不能有一种标准格式或要求，而需结合企业实际状况、目标计划和市场变化来进行制订？

3. 企划书中的主题版起到什么作用？

第6章　主题服装设计灵感

本章导读

　　21世纪以来，成衣作为商品越来越呈现出品牌的重要性，成衣市场的竞争不仅仅是产品竞争，更为重要的是品牌竞争。所以在每一季的新产品设计开发时，成衣设计师必须遵循品牌的理念、特性、风格并考虑到所服务的消费群体，从而制定出服务于品牌的主题思想，以便指导和规范设计师在统一的原则下完成季度新产品系列设计和开发的任务。为此，就要寻找并设定主题元素，色彩元素，廓形与款式元素，材料元素，装饰、纹样元素以及工艺元素。

第1节　主题元素设计

　　主题元素是指表达主题思想的要素。主题是某种意义上的规则、灵魂，是文学、艺术作品中所表现的中心思想，是作品思想内容的核心。主题可以通过文字、意境图片、模具、绘图等形式表现。而在服装设计领域最常用的手法是制作可视化的主题思想意境图，也叫灵感图。

　　主题名称可以是虚的、感性的词语，也可以是实的、理性的词语，但都必须能表达主题思想和意境。而形成主题的主题元素必须把握以下基本原则。

　　① 主题元素需符合品牌风格形象定位。如：定位于西式经典服饰风格的品牌在设定主题时可以是"邂逅——香奈儿"，让消费者一下子就能感受到香奈儿式高贵、典雅、简约、时尚的风格；定位于运动风格的品牌在设定主题时可以是"激情四射"，让设计师与消费者都能感受到运动的澎湃激情；而定位于年轻、浪漫、性感风格的品牌，可以是"异国情调"，展现强烈的异域文化和浪漫风情（图6-1-1）；等等。

② 主题元素要有时代性、流行性。如：在今天社会各方面都飞速发展的前提下，主题可以是"创新与科艺""重塑与构造"，反映出当代人们高度重视科技，接受新思想、新观念和可持续发展的理念。

③ 主题元素需与时间、地域相联系。如：秋冬季主销北方市场的主题可以是"北国风光"，春夏季主销南方市场的主题可以是"五月江南"，等等。

④ 主题元素还需与品牌消费者定位有关。如："妖艳朋克"这样的主题只能用于定位为年轻的、性感的、活泼的时尚先锋者的品牌设计，而"绅士典雅"这样的主题就要用于定位为中老年成功男士的品牌设计。

图6-1-1　对"异国情调"主题进行分析，得出浪漫的、性感的、异族的、异教的主题元素

第2节　色彩元素设计

色彩元素是指一组色彩（图6-2-1至图6-2-4），而非单一色彩。它的选取首先要能够表现主题思想，通常的做法是采用文字解构的手法，分析主题表述的含义与内容。有些主题本身就是理性的、实在的。例如，前面提到的"北国风光""五月江南"，前者的色彩一定是以白色为主，其他颜色为次要色彩；后者是以红色与缤纷色为主，次要色彩是黑白色。而另一些主题本身是感性的、虚幻的。例如，前面提到的"创新与科艺"，这时就必须对主题进行解构分析。我们可以先把主题拆分为创新与科艺。创新要求创造，要有新形象、新色彩、新材料；科艺是指科学与艺术的结合。然后我们可以通过联想的方法找到可视图像，以当代科技推动下的新型材料，尤其是非传统的纺织材料和环保再生材料，结合艺术效果，那么荧光色、发光色、金属色就是这个主题的首选。

图6-2-1　色彩元素1

图6-2-2　色彩元素2

图6-2-3　色彩元素3

图6-2-4　色彩元素4

　　此外，色彩元素的选取还要结合流行色的传播与预测。色彩流行受人们生理和心理的共同影响，人们在生理上需要平衡，心理上需要新鲜刺激，对美的追求永无止境，所以色彩流行有其自身的内在规律。但在应用流行色时必须遵循品牌与主题的自身色彩定位（图6-2-5）。

图6-2-5　对"现实·虚幻"主题进行分析，从火山爆发、浓雾中的黄浦江和西藏神山得到对"现实·虚幻"的诠释，并提取相关的色彩元素

第3节　廓形与款式元素设计

　　廓形与款式元素同样要反映主题思想，在分析主题的前提下寻找廓形和款式元素，这个分析从解构开始到重构结束（图6-3-1、图6-3-2）。从主题概念出发，分析哪些结构能提供设计创作的廓形和款式灵感。如：对主题"蜕变"进行分析，可以采用夸张的爆炸形式，以爆炸的可视形态为礼服设计提供廓形的灵感（图6-3-3）。又如：以"昆虫世界"为主题，这是一个可以直接可视的主题，但是昆虫世界非常庞大，设计师需从收集的许多昆虫造型图片中筛选出可用的、符合设计创作要求的可视化图片，然后从昆虫造型中提取可用的款式造型灵感（图6-3-4、图6-3-5）。

　　成衣的廓形与款式元素同样受流行要素的影响，在提取流行要素时也必须遵循品牌的款式风格和主题精神。

图6-3-1　造型元素——Zaha建筑

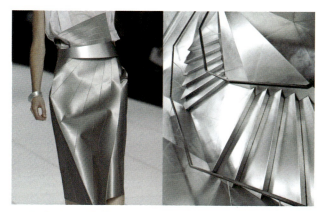

图6-3-2　造型元素——西班牙马德里Caixa画廊的楼梯

图6-3-3　主题"蜕变"，以爆炸可视形态为灵感的礼服廓形设计

图6-3-4　主题"昆虫世界"，以螳螂造型为灵感的服装款式设计

图6-3-5　主题"昆虫世界"，以蜻蜓造型为灵感的服装款式设计

第4节　材料元素设计

材料元素设计同样需要以表达主题概念为第一要素，与品牌在市场上的档次、风格、品位和消费群体定位一致。如：定位于高级男装的"绅士典雅"主题，其材料就应该以高级精仿全毛料为主。其次，材料元素受产品种类的定位制约。如：运动服设计通常用针织吸汗材料，羽绒服要求使用密度高的轻薄面料。再次，材料元素设计还受季节因素的制约，通常夏装材料要求透气、吸汗、易洗、易干、凉爽，冬季材料要求保暖、防风等。另外，款式造型元素也对材料元素设计有制约性，材料要满足造型特征的需求。如：礼服造型设计通常需要垂性好的材料；以"海洋生物"为主题的成衣设计若提取水母为灵感造型，那么就应选用透明材料。

在成衣市场中材料也有流行因素，因此在进行材料元素设计时需要了解相关市场上的流行特征，对流行材料进行分析、筛选、提取等工作，结合自身品牌理念要素、品牌特征、品牌主题思想以及款式要求来进行材料元素设计（图6-4-1、图6-4-2）。

图6-4-1　主题"星褶"的材料元素灵感图和服装设计

图6-4-2　主题"乐潮"，五线谱材料元素灵感图和采用透明加数码印刷技术设计的服装

第5节　装饰、纹样元素设计

　　除了色彩、廓形与款式、材料三大服装设计元素外，设计师还可以针对某些特殊需求，增加特定领域的设计元素的收集、提炼与选择，通常有装饰元素、图案纹样等，其前提是通过合理运用这些装饰元素、图案纹样等能够更好地表达主题思想（图6-5-1至图6-5-8）。

图6-5-1　豹纹元素

图6-5-2　海浪元素

图6-5-3　鸵鸟羽毛元素

图6-5-4　荷花元素

图6-5-5 花卉元素

图6-5-6 几何元素

图6-5-7 江南园林元素

图6-5-8 脸谱元素

　　装饰元素、图案纹样设计不是简单地美化造型设计，而是强化主题概念，更好地体现主题所包含的精神思想。如：目前大街上经常看到牛仔裤在膝盖等部位挖孔并留出破损的纱线，这是一种成衣后的装饰细节处理，是对现成服装进行破坏的装饰手法；或者在牛仔上衣肩部添加铆钉等元素，带有强烈的街头风，是对传统美学规则的反叛，充分体现穿着者的个性特点（图6-5-9）。

图6-5-9 表现"叛逆少年"主题的牛仔服装

第6节　工艺元素设计

　　工艺元素设计用于一些需要特殊工艺才能表达主题思想的设计，这些特殊工艺往往具有很强的创新性，是平时制作服装时不常使用的，它们常常能迸发出强烈的视觉效果。如：服装缝份外露的工艺，改变了人们习惯的视觉效果；特殊部位的精致绣花钉珠工艺，可以将人们的注意力集中起来，提升了服装品质；还有些服装需要进行材料再造工艺，以体现其独特性、创新性；等等（图6-6-1至图6-6-5）。

图6-6-1　点翠元素

图6-6-2　牛仔复古刺绣元素

图6-6-3　盘扣元素

图6-6-4　复古泡泡袖元素

图6-6-5　扭结元素

思 考 题

1. 设计师在寻找灵感、制作主题概念时有哪些基本原则？

2. 是否只要收集流行色信息，就有了色彩主题元素？

3. 装饰元素、图案纹样和工艺元素设计与色彩、造型、材料设计同样重要，必须要制作，你是如何认为的？

第7章 成衣设计的表达

本章导读

　　成衣设计是品牌企业追求利润、推行理念、服务社会的基础。成衣设计强调服务目标消费群体的需求，以季节、假日和企业营销战略为基本要求，用理性、风格化、时尚、组合、互搭、系列化的方法进行设计。

　　成衣设计通常以正反面的款式图为主，配以面料小样或色块组合，根据企划书的主题要求、季节要求和上市波段要求进行系列化的新产品开发设计。

　　本章论述了成衣设计的基本要求、影响成衣设计的相关因素、成衣设计思维的路径、常用的设计构思方法和成衣设计的步骤，详细描述了各个步骤的要点和方法。

第1节 成衣设计的基本要求

　　品牌成衣产品的制成一般都要经过企划设计、成衣设计、生产加工和流通销售几个环节。其中成衣设计的好坏是产品上市销售成功与否的前提条件，所以成衣设计必须遵循自身品牌理念和风格，针对目标消费群体的需求，社会政治、经济变化，流行趋势以及合理的生产批量安排来进行新产品开发。具体来讲，设计师在新产品设计时要了解以下问题。

　　（1）成衣设计是为何的（Why）？

　　作为商品的成衣设计的目的，包含着三个方面：

　　① 从消费者的角度来看，成衣设计的目的是为了满足消费者享受服装所带来的社会需求的审美性和生理需求的实用性。

　　② 从制造商的角度来看，成衣设计是开拓市场、获取利润的手段。

　　③ 从服装商品企划的角度来看，成衣设计是具体表现品牌所确定的理念的载体。

（2）成衣设计是为谁的（Who）？

成衣设计首先要明确目标对象。虽然在品牌策划时公司已经为该品牌确立了目标消费对象，但在每一季的成衣具体设计时，设计师还是应该了解具体环境下、具体潮流中消费对象的需求特点及其变化，知晓消费对象新的欲望、行为、价值观等意识特征，还要根据不同地区和地域文化背景下消费对象的喜好、习惯、身材特征、尺寸特征，结合主题概念对目标消费群体进行有针对性的设计。

（3）成衣产品是何时穿着的（When）？

人们的着装始终和时间季节有关，从宏观的角度来讲，服装有时代性；从微观的角度则可以分为年、季、月、日和时，如婚礼服往往就是为婚礼这个特定日子而设计的专门服装，晚礼服就是为特定时间段的特定场合所设计的专门服装。在成衣设计中设计师按照企划书的要求，在具体季节、具体上市波次的时间节点进行设计。由于成衣设计一般要在产品上市前半年就进行开发设计，带有预测性，而自然界的发展并非一成不变，所以设计前还必须了解不同销售地区的气候变化特点，有时还需要向气候相关部门咨询未来天气变化。随着现代生活环境的不断优化，科技材料的不断创新，消费者中也出现了一种称之为"无季节"的装扮风格。"无季节"装扮者通常是时尚的追随者，他们并非是简单的夏着冬装或冬着夏装，而是用一种模糊和打破季节着装习惯的方式来装扮的穿着方式的创新。一般来说，受季节的气候制约，冬季衬衫里面穿保暖衣、冬季短裙底下穿打底裤是常规的穿法，但设计师在新产品开发时，还要考虑到目标消费人群如何受流行着装方式的影响。

（4）成衣产品用于哪些地点和场合（Where）？

着装一定要考虑时间、地点、场合这三者的关系。不同地区的地理风貌和气候条件是不同的。比如，内陆地区与沿海地区、高原地区与平原地区，人们的生活习惯差异会很大；而一线的大都市和三四线的城市对时尚的感受也会有很大差异。所以，设计师应该了解其设计产品是针对什么地区的目标消费群体。其次，还要考虑其成衣产品是用于什么场合的。如果着装与所处的社会背景、生活环境、活动场合不相协调，就会有"出格"、不合时宜之嫌。

（5）成衣产品设计需要满足什么诉求（What）？

任何好的服装都兼具基于社会需求的审美价值与满足生理需要的功能性实用价值。给予人体以生理上的舒适感和心理上的美感同样都是成衣设计的诉求，所以服装设计过程需应用服装美学、人体工程学、服装卫生学、服装心理学、服装材料学和服装结构学等方面的知识。经过综合考虑，合理应用，成衣设计才能提高产品的内在价值，增加产品的信誉度和附加值。

（6）成衣产品将如何运作（How）？

现代成衣的加工和销售涉及许多方面，设计师平时要了解服装业上、下游的情况，甚至要了解跨行业的一些情况的变化，如畜牧业、家禽业、种植业、石油工业和运输业等的一些情况。其原因是这些行业的产能增减直接关系到服装业的成本增减。而服装设计、生产、销售过程中的各部门协调也是非常重要的。对于所有这些情况，如果能做到心中有数，就能在一定程度上剔除那些产业链上难以配合实施的设计，从而控制好产品的设计进度，保证产品质量。

（7）成衣产品的成本控制（Cost）。

对成衣制造商来说，服装成本包括材料费、制造费、运输费、技术费、营销费和经营办公费以及各类税收费用等。而成衣在市场上的零售价格通常是服装净成本（材料费和制造费）的3~6倍，高端成衣的市场零售价则可以达到净成本的10倍以上。产品成本与零售价之间的差距大小与品牌定位有关。一般来讲，定位于大众品牌的产品成本与零售价之间的差距会小一些，但产量会比较大。大众品牌的特点是：市场竞争激烈，目标消费群对价格敏感。定位于小众品牌的产品成本与零售价之间的差距则会大一些，但产量会比较少。小众品牌的特点是：市场竞争缓和一些，但消费群体相对较小。由于成衣零售价与成本价形成倍数关系，所以设计师在开发新产品时应该合理控制成本，使其与品牌定位相适应。

（8）成衣产品的交流能力（Communication）。

在现代社会中，服装承载着时代信息，通过广告、博览会、走秀表演、商品陈列、促销活动等多种方式传递给消费者。消费者再通过穿着服装将兴趣爱好、社会地位、个性品位、气质修养等展现在公众面前。在这一过程中，服装作为一种无声的交流载体，通过产品服务，在消费者心里建立起良好的品牌及企业形象，表达设计者的思想感情。同时，服装也成为消费者表达自己情感、展露自己个性心理的一种工具。

（9）成衣产品的流行要素（Fashion）。

设计师在具体开展设计工作前，必须对当前的流行要素进行调研与预测，详细了解成衣市场的变化和发展趋势，了解最新国际流行信息和服装上、下游产业的发展信息，并经过认真地消化吸收，把各种流行要素与自身品牌的特性进行有机结合。只有这样，才能设计出符合自身品牌文化理念和目标消费群体对时尚追求的个性服装。

第2节 影响成衣设计的相关因素

7.2.1 品牌风格因素

一般来讲，品牌成衣需要在一个统一风格的基础上去发展出具体的款式设计，这个风格是对品牌内涵的诠释和形象化。设计师在设计上应力求创新，避免雷同。成衣品牌风格的把握与延伸是设计师在设计时必须十分明确的。

7.2.2 时代精神与流行因素

把握时代精神和流行方向是成衣设计的大前提。其原因是成功的成衣一定是能反映时代风貌的。在设计中结合流行风潮是成功完成成衣设计的一大关键。流行是时代精神的反映，体现了时尚的变化以及人们心理需求的规律。成衣设计师应该善于时刻收集各种流行情报，分析流行背后的时代精神和人的精神样貌，及时总结提炼时尚流行趋势的款式、色彩、结构、材料、装饰、细节、搭配等方面的各种要素，以此来指导自己的设计，把时代精神和流行因素融入品牌成衣风格中，从而设计出既具有时尚感又能保持鲜明品牌风格的新款产品。

7.2.3 市场销售因素

由于成衣是商品，所以市场因素常常是左右品牌成衣设计师的首要因素。设计师在开发新产品前一定要了解本品牌成衣的销售业绩，销售报表应该详细列出哪些产品是正价销售的，哪些是促销打折销售的，什么时段是销售旺季，什么主题、什么波段、什么款式、什么材料、什么颜色、什么尺码销售比较好，库存情况如何，滞销产品是什么，滞销颜色是什么，滞销尺码是什么等，这些都应该及时汇总，认真分析各种内部（如品牌维护、主题设想、款式设计、材料使用、颜色选择、细节处理、加工工艺、上市时间、价格核定、营销手段、宣传力度等）和外部（如目标消费群的变化、时尚潮流的变化、自然环境的变化、政治和社会风气的变化、宏观经济的变化、生活态度和方式的变化以及宗教因素等）因素。了解目标消费群体的最新动态，把握并迎合他们的内心诉求，真正做到在适当的时间、地点推出适当的款式。

7.2.4 商业成本因素

追求利润是所有品牌成衣企业的首要目标。市场运作中会有许多因素影响利润，而利润和销售率有时并不成正比。但产品能否获利，第一道关卡就是服装设计师。因此，设计师在设计中必须考虑开发产品的材料与劳动力等在内的成本因素。尽管服装材料费和劳动力费用之间的比例会因款式不同而有所变化，但整体成本必须控制在品牌价格定位许可的范围内。

7.2.5 工艺技术因素

应用什么工艺技术，对设计师来说，就是他必须考虑什么是工厂可以生产和把握的，并且要知道自己的设计可以在什么范围内有略微变动，同时必须知道怎样生产和生产过程中会遇到什么限制因素，并可以使用何种方案加以克服。另外，还要考虑成衣制造中所有的标准工艺和加工过程，以便符合市场销售的基本要求。

第3节　成衣设计思维的路径

　　品牌成衣设计是从设计总监制定季度企划书开始的，设计师以企划书上的新产品上市时间计划和主题概念要求作为设计指导，在进行设计前，必须进行充分的市场调研，把握流行发展趋势。在此基础上要对主题概念进行深入的理解和诠释，明白抽象化、概念化主题的核心含义，通过提炼总结得出符合主题要求的款型、色彩、材料、搭配、细节等实在的、具象化的素材。设计师在设计中应用逻辑思维和形象思维两种方式，通过联想、想象，把抽象的主题概念转化为可视的、可穿的服装，使其成为目标消费者能够理解其含义并接受和喜爱的新款。在这个过程中，设计师要在意与意、意与形、形与形之间反复沟通、多重交叉、重叠，才能完成新的创造。

7.3.1 意与意的沟通

　　成衣设计是围绕企划书中的主题概念思想展开的，主题思想是通过大量的调研而得出的目标人群关注的焦点，是对现实社会的认识、理解，也包含着指导者的理想和观念。主题思想往往是通过"主题版""意境图""灵感源"等形式来表现的，主题版能够很好地表达主题理念、色彩、款式风格，甚至面料特性，对最后的款式创造具有非常重要的作用，所以意与意的反复沟通是十分重要的。在服装设计中，应该采集大量设计素材，并加以解剖分析，去除不需要和无用的元素，保留需要的各种要素进行重新整合、编排成为一种非常直观有用的设计"主题版""意境图"或"灵感源"。好的意境图可以非常明确和可视未来设计的款型、色彩、材料肌理、风格等要素（图7-3-1）。

图7-3-1　表现个人情绪的设计意境图

7.3.2 意与形的沟通

　　设计师完成意与意的沟通后，就明确了设计创造所要表达的内容，明确了设计方向。这样设计师就能开始进行服装设计构思和草图的绘制（包括面料小样的采集与筛选、基本造型与色彩的确立、饰品配件的设计等），以具体的、直观的形象去表达主题思想。通过与主题版、意境图反复比较来修正自己的款式设计，这也就是成衣设计中从主题理念到直观的款式造型的过渡阶段，也就是意与形的沟通过程（图7-3-2）。

图7-3-2　服装设计构思与草图

7.3.3 形与形的沟通

　　设计师通过意与形的沟通，就能确立表达主题思想的方法。而这些方法还需要通过试验、修改、组合来确定款式造型，再通过制版、裁剪、缝制等工艺得到样衣，然后经过各种审核、订货会等形式制订批量生产计划（图7-3-3、图7-3-4）。这个过程就是形与形的沟通。

　　一名优秀的成衣设计师不仅要有很好的审美素养和活跃的创意思维，还必须对社会发展、新生事物、新文化样态、新思想潮流、新艺术流派以及创新科技发展有敏锐的洞察力和判断力，关注人们在着装上产生的新需求。经过大量的调研收集情报，用逻辑思维的方法进行分析，推导出严密的、可行的设计思想概念，制作主题概念版，制订严密的服装设计工作计划，阐明服装材料、色彩、款型、饰品以及搭配方式等的发展趋势。再按"意到意""意到形""形到形"的设计思维路径，用形象思维和逻辑思维相结合的方法得到既符合市场需求又完美展示品牌风格的新款成衣，推向市场。

图7-3-3　已成型的静态展示成果　　　　　图7-3-4　已成型的动态展示成果

第4节　成衣设计中常用的构思方法

设计构思是设计过程中的思维活动。设计构思不是仅凭直觉或者天马行空般的遐想就能完成的，而是对市场可以捕捉到的各种信息进行收集、分析后，来捕捉灵感和把握文化源流的思维活动。

这里介绍企业在成衣开发中经常应用的几种设计构思方法。

7.4.1 以借鉴市场上成功款式为切入点的设计构思方法

借鉴市场上已有的成功款式，是成衣设计中最为常见、最便捷实用的构思方法。它是从市场中选取某些成功的产品进行分析研究，结合本品牌风格和未来流行发展规律进行再设计创作，以期获得符合品牌风格并且与下一季主题思想相融合的新款（图7-4-1）。

很多服装设计大师在给新品牌进行设计时，也是从了解品牌的风格和过去的服装款式入手。实际上成衣品牌企业每年的产品开发会由几个部分组成：上一年卖得好的产品创新与延续占10%左右；常年都卖得不错且款式变化不大的被称为"基本款"的服装占20%左右；追求流行但适合品牌风格特点又容易被消费者接受的时尚服装占60%左右；适合品牌风格且非常时尚，生产不多但为吸引消费者眼球的形象款占10%左右。前两种相对来说，设计的创新性不多，后两种则极具设计的创新性、时尚性。

图7-4-1 借鉴JACK & JONES品牌的设计

图7-4-2 深思熟虑后的休闲
系列服装设计

7.4.2 以目标消费群为切入点的设计构思方法

对目标消费群的分析是设计构思的重要参考因素。它通常通过提出问题、说明问题、分析问题、调研案前资讯、进行设计构思、确定设计方案等一系列程序参与设计构思的全程（图7-4-2）。

（1）提出问题。

设计前先提出问题，如针对哪一类消费群体？这类消费群体习惯穿着哪一类服装风格？他们的生活方式是怎样的？有哪些喜好？在什么情况和场合会穿着本品牌的服装？款式、色彩、面料、装饰细节方面有哪些反复出现可供总结的特征？市场上符合这类消费群体的服装特点又是怎样的？

（2）说明问题。

针对这类消费群体的时尚要素、色彩要素、款式要素、面料要素、搭配要素等一一进行说明。说明的问题越充分、越明确，设计的针对性就越强。

（3）分析问题。

随着问题被说明，接下来要进行的是问题的分析，分析是为了更好地综合。如这类群体的审美修养程度、身材情况、经济能力、文化修养、艺术气质等。一般来说，具有独特审美眼光和高品质的服饰观的女性消费者，对款式要求是简约、大气、整洁，用料要舒适、时尚感强，在细节上要有一定的设计创新，体现事业有成的自信形象。另外，尽可能采用同一色系的色彩，以彰显其不张扬但时尚的服饰观。

（4）案前资讯。

此时，我们对提出的问题已经明确，可以进入设计前的资讯工作。如以前这类服装是怎样设计的？是否有借鉴的地方？再设计的创新点应该在哪里？

（5）设计构思。

根据对问题的分析以及收集到的资讯，接下来设计师就可以进行设计的构思，寻找设计的突破点。

（6）确定设计方案。

根据多维度的综合考量，敲定具体设计。

7.4.3 以流行趋势为切入点的设计构思方法

每年国内、国外不同机构发布的服装流行趋势非常多，包括流行色、流行款式、流行设计细节、流行图案、流行面料等的发布。每个流行趋势的发布里都会有相关灵感来源的文字和图片资料，从中可以了解流行的相关信息，如着装理念、文化思潮、生活方式、设计灵感等，这些都可以成为设计构思的设计点。把流行要素融入品牌风格进行设计，可以给人一种文化性和时代艺术思潮的内涵遐想（图7-4-3、图7-4-4）。

图7-4-3　设计大师伊夫·圣·罗兰（Yves Saint Laurent）的流行发布

图7-4-4　品牌成衣的流行发布

（1）以服装造型的流行趋势为切入点的设计构思方法。

服装造型设计跟服装的流行规律是一致的。过去一个造型的流行从其产生到最后的消退会是3～5年。随着生活节奏的加快，成衣流行也呈现出品种多、变化快的特点，造型流行的周期常常在几个月或1年中就会发生变化，但无论变化有多快，服装造型的某种特征可以让成衣市场在某一时间段到处都是，所以服装造型是流行趋势中非常重要的一环。

因此，在设计构思时，要按照自己的品牌风格和消费群体的需求加上流行造型特征来进行新产品的设计。

（2）以色彩的流行趋势为切入点的设计构思方法。

流行色在设计中的运用会使服装的流行感、时尚感更强。因此，很多设计师会考虑用流行色来吸引消费者。设计构思时一定要考虑本品牌的个性色彩，再把流行色融入品牌色彩中进行设计。

（3）以流行面料为切入点的设计构思方法。

面料是服装设计的物质保证，面料的成分、织造、外观、手感、质地等物理属性构成了服装样式的物理基础，面料在视觉风格上的特征，如光滑、粗糙、柔软、硬挺、色彩、图案等构成了面料的视觉元素。在成衣市场上，尤其是在男装设计上，有时款式变化是轻微的，甚至是不变的，主要是通过面料的流行形成新的卖点，一款流行且适宜设计的面料可以使成衣设计增添姿色。

（4）以流行图案为切入点的设计构思方法。

图案元素是指服装图案的题材、风格、配色、样式等审美属性，是影响服装风格的重要设计元素，如碎花图案、几何形图案、动物纹图案等。为了突出设计风格，有些品牌拥有固定的图案，比如，爱马仕（Hermes）的典型图案是马具图案，日本森英惠（Hanne Mori）的典型图案是蝴蝶。每一季流行的图案，有来自大自然的花卉图案，也有来自日常生活情景的图案，有些则是古代传承下来的纹样图案，每个图案都源于生活的创意。

（5）以流行的设计细节为切入点的设计构思方法。

在流行趋势的发布中，有些设计细节虽然细小，但是其画龙点睛般的聚焦作用不可估量，它们也往往成为产品的卖点。钉珠、面料的镶嵌、褶皱、流苏、嵌条等多种工艺处理设计是服装细节上常用的手法。有些设计细节会反复地在不同风格的服装设计中出现，从而成为下一季服装设计的共性设计。这些设计细节成为设计师捕捉设计构思的灵感来源。如前几年流行的军装化设计元素，就会在服装设计中运用多口袋、肩襻、肩章、胸章等设计元素。

（6）以流行生活方式为切入点的设计构思。

随着人们物质生活水平的提高，精神方面的需要也会加强。以崇尚自然为基础的生活，以休闲为基础的生活，以绿色健康运动为基础的生活，以向往动漫为基调的个性化生活，多样的生活方式需求激发设计师以不同的创作激情投入创作。

第5节 成衣设计的步骤

　　成衣设计是将设计主题、色彩、造型、面料和细节等设计要素通过形式美的原则综合在一起，进行创作的过程。通常设计时应注意款式的空间与线条的比例关系，款式细节的节奏性、突出性以及服装色彩和服饰配件的协调关系。其中造型是款式设计首要考虑的因素，造型是一件服装的外轮廓，服装的形象及穿后的效果有赖于造型结构，不同的结构安排形成不同的服装造型。设计师通过造型设计赋予服装新的视觉效果，从而使服装的变化呈现出明显的新鲜感，引起消费者的兴趣。

　　在设计中面辅料的选择和运用也十分关键，选择织物时应注意附加在织物上的色彩是否符合主题要求，是否能通过各种色彩搭配、肌理纹路、印花染色以及后整理等加工手段很好地衬托人体，而辅料的选择往往体现品牌成衣的风格档次。

　　细节设计常常成为成衣设计的关键，由于成衣市场在一个时期内的造型、色彩、面料都受流行趋势的影响，产品丰富，竞争激烈，因此对大多数成衣设计师来讲，细节部件是发挥设计才华的重要部分，也是区别于其他品牌的重点所在。成衣设计是细微之处见精神，设计师通过细节处理增加形象感和独创性。

　　成衣产品开发通常要通过企划—设计—生产—销售这四大步骤，而成衣新产品开发设计要经过设计（图稿）—审核（图稿）—制版—样衣制作—审核（样衣）—整合—工业样本—生产加工这几个步骤。

　　成衣新产品开发设计是将企划书中的设计主题、造型、面料、色彩概念要求和新产品上市时间等设计要素，通过设计师对目标消费者的调研和市场流行元素的消化，用形式美的原则综合在一起，进行创意的过程。通常在设计时应注意成衣的空间与线条的比例关系、细节与节奏变化、色彩应用与配饰的协调关系，尤其是款式与面料选择的合理性以及保证色彩、面料、款式是符合未来市场的最新流行要求和目标消费群体的需求。成衣新产品开发设计通常用效果图和款式图来表达，在成衣企业内通常用款式图来表达设计效果。而设计的服装一旦被确认加工，款式图将随着款式生产工艺单进入每一道加工制造程序。

7.5.1 成衣效果图的绘制

　　成衣设计效果图是纯粹的工作示意图，其中包含平面款式图和平面结构图，而不是时装杂志上的时装画。在服装效果图中，除了能看到前、后服装设计造型外，还应让新颖的或者复杂的设计特征用放大示意图的方式表现出来，而且把有些绘画无法表达的设计信息用文字描述在效果图上，以便样板裁剪师和其他员工明白设计的真正意图。

效果图在成衣设计中往往是以草图、时装画的形式出现（图7-5-1至图7-5-5）。效果图是很容易表达设计者的思路与设计特色的形式，当设计者有了设计灵感时往往会用设计效果图的方法与设计总监一起讨论、分析各种设计方案。在成衣设计中，设计效果图一般可以不上色，设计师只要把想使用的面料小样剪贴在画稿旁就可以，设计效果图通常是不对外的。

图7-5-1　未上色的成衣设计效果图

图7-5-2　有基本尺寸要求和面料小样的设计稿

图7-5-3　有细节说明和平面款式图的设计稿

图7-5-4　上色并粘贴面料的完整效果图

图7-5-5　用电脑绘制的童装效果图

7.5.2 平面款式图的绘制及审核

在成衣新产品开发设计中款式图是必要的，所有款式图都必须有设计款式的正面和反面图稿（图7-5-6、图7-5-7）。根据企划书的上市波段表中的款式种类和数量进行系列化的设计，而在单款数量上还要翻2～3倍的量进行设计，以备筛选。款式图也无需上色，设计师把有意向的面料小样或色块粘贴在款式图下方就可。设计总监和设计部经理会在约定时间召集设计成员进行内部审核，只有经审核批准的款式图才能进入样衣制版程序。

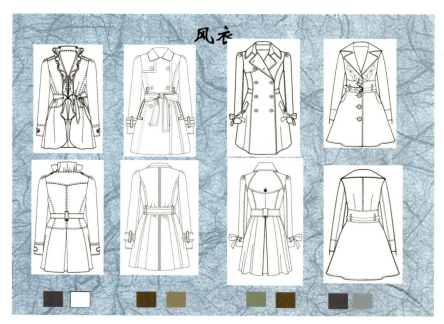

图7-5-6　企划常用的平面款式设计图，表现正、反面效果

图7-5-7　上色与不上色款式图组合使用

　　品牌成衣的设计需要在一个统一风格的基础上相对全面地满足消费者多方面的着装需求，款式设计需要在同一主题下形成系列，系列款式包含着不同的颜色、面料、样式，使顾客可以从中挑选称心的应季服装。

　　所以现代品牌成衣设计都是主题化设计和系列化设计，每个季节、每个波段上市的服装都必须是能够上下、里外搭配的产品。为此，在设计中就必须考虑多种互搭性。也就是说，在设计外套时，应该考虑其内搭的衬衫、毛衫和下装的裤子或裙子；当设计大衣或羽绒服时，也应该考虑其内穿服装和下装。这种事先考虑穿着搭配的设计方法是现代服装商业的发展要求，首先它能很好地体现品牌服务的文化理念；其次是预先为客户准备多种搭配方案，免去客户回家寻找搭配方式的烦恼，也是一次性留住客户的必要手段；再次是为企划新产品开发节约了成本。因而把某一季或某一上市波段所有的设计款式图放在一个平面上来审核它们之间的互搭性和多搭性是最为方便的，也是最为有效的（图7-5-8）。

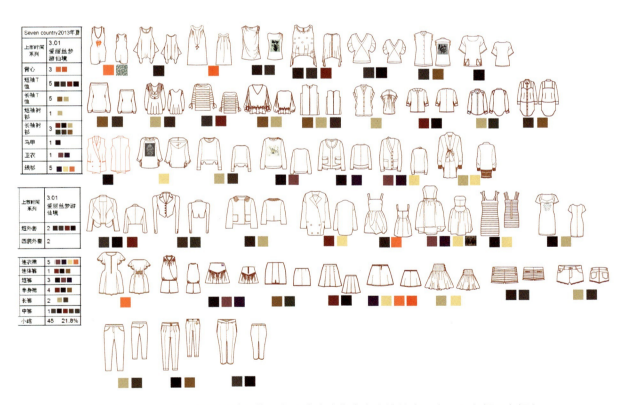

图7-5-8　代表某主题的系列服装开发设计稿（集中有序地放在一个平面上便于审阅）

7.5.3 面辅料说明

设计师根据企划书上的产品上市时间要求和对市场发展趋势的研究，决定样衣使用何种材料，这是成衣设计中的重要部分，材料不仅能反映品牌档次、风格、颜色和设计理念，还能反映时下流行的要素。对品牌成衣来讲，面辅料选择的正确与否直接影响销售业绩的好坏。

从设计程序来讲，面料小样的采集是设计前的必备工作，无论是单款设计还是组合设计，都必须建立在选择面料的基础上。服装款式设计本身需要针对面料特性来确定，而面料的选择应服从于主题、季节、风格、流行、价格、市场的销售对象等多种因素。所以在成衣设计中，无论是效果图设计阶段还是成衣样衣评审阶段，都必须对所使用的面料进行说明（图7-5-9）。

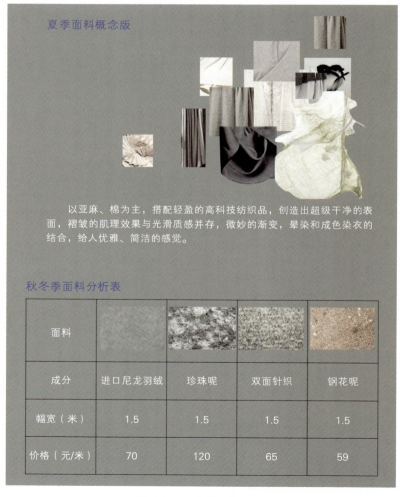

夏季面料概念版

以亚麻、棉为主，搭配轻盈的高科技纺织品，创造出超级干净的表面，褶皱的肌理效果与光滑质感并存，微妙的渐变，晕染和成色染衣的结合，给人优雅、简洁的感觉。

秋冬季面料分析表

面料				
成分	进口尼龙羽绒	珍珠呢	双面针织	钢花呢
幅宽（米）	1.5	1.5	1.5	1.5
价格（元/米）	70	120	65	59

图7-5-9　面料分析说明

7.5.4 特殊工艺及板型要求说明

　　成衣设计中所有影响到成衣视觉效果的外轮廓造型、内部分割线条、图案装饰、领子的形状和大小、口袋的大小和高低、翻驳领的位置、纽扣的多少、是否缉明线等，都是由设计师来做决定的。所以在设计图稿交制版师制版前应该充分考虑到成衣的最终效果，尤其是在画稿中无法表示清楚的部位，如缉双线的颜色、图案安放的位置、非常规位置上设置的口袋、侧边的拉链、非常规的省道、使用特殊形状和尺寸的纽扣、非常规的结构开刀、打褶、起皱等，设计师都应一一加以详细说明（图7-5-10）。只有这样制版师才能明确和还原设计师的设计意图，少走弯路。

图7-5-10　样衣加工单，上面详细注明特殊工艺要求

 **思** 考 题

1. 成衣设计的基本要求有哪些？
2. 影响成衣设计的因素包括哪些方面，应如何把握？
3. 如何进行成衣设计的构思与表达？请举例说明。

第8章　样衣与生产的准备工作

本章导读

　　成衣开发设计只是产品推向市场的基础，服装作为人人都要消费的产品，它需要以系列化、多样化、完整化的形式提供给消费市场，所以现代成衣是规模化、集体化的生产模式。当设计稿被审核批准后就会进入服装样衣的制版和制作程序。服装制版师主要负责服装以人体运动为基准的立体化造型，所以又被称为"服装二次设计"，经过板型"二次设计"就可交样衣工制作样衣了。品牌企业按照各自不同的审核与推广方式，最终决定哪些样衣进入大批量生产的程序，所以样衣是成衣工业化大生产的前提条件。

第1节　板型制作

　　板型制作主要由制版师负责，制版师根据设计要求结合人体运动和穿着规律进行服装款式的立体造型制版，同时使服装造型符合人体结构与运动规律，表现设计师的设计理念和品牌的审美价值，满足样衣加工的要求。制版师在板型制作前首先要详细阅读设计师的设计款式图，领会设计意图，对款式的造型、内在结构需了如指掌。其次，要掌握将使用的面料和辅料的质地与性能，包括品种、成分、质地、缩水率、耐温性以及是否对格对条等资料，以便打版时做相应调整。再次，制版师要了解品牌产品的技术标准和质量要求。这是品牌个性化制版的依据，如产品以销售对象制定的号型规格、公差规定、各部位缝迹和做缝多少、折边宽度等品牌产品所具有的个性化技术要求。

　　服装制版手段通常有平面制版和立体制版，由于平面制版延续到后道工序比较方便且容易保存，因而在我国大部分服装企业采用平面制版。立体制版的优点是造型直观性比较强，在欧美国家使用比较普遍，但立体制版需用坯布试样，而一旦需要进行大批量生产时，它还得转化为平面制版，所以成本较高。对品牌服装企业来讲，制版师使用哪种方法往往和品牌风格定位密切相关。一些男装品牌、运动风格品牌、经典风格品牌，它们的款式变化不大或不是很复杂，就常常使用平面制版方式；而一些追求结构变化、前卫另类风格的品牌就需要采用立体制版的方式；也有些制版师在常态下使用平面制版，而在遇到特殊结构时采用立体制版方式就能很直观地和设计师讨论该款式造型的可行性（图8-1-1、图8-1-2）。

图8-1-1　平面制版的纸样

图8-1-2　立体制版（一片衣的制作）

第2节　坯布样制作及审核

坯布样制作及审核通常是采用立体制版的企业在正式样衣制作前，增加的一道审核关卡。也有些采用平面裁剪方法的企业用白坯布按纸样裁剪后缝制样衣，坯样制成后穿在人台上进行检视，一些装饰褶和复杂结构的裁剪于坯样缝制前可直接在人台上进行，以取得满意的造型效果。此外，还可以检验衣服在动态与静态中的轮廓变化和穿衣效果，以便合理调整。也就是利用坯布样衣能够比较直观地反映设计理念这一特征，在坯布样衣完成后，一般由设计总监带领设计团队对其审核，提出修改意见（图8-2-1）。

图8-2-1 坯布样衣

图8-3-1 正式样衣审核

第3节 正式样衣制作及审核

样衣是提供给商业部门作为订购的样品和生产部门作为大货生产的参照物。样衣可以直观地评价服装的艺术构思、工艺水平、穿着效果、系列产品搭配组合、面料与辅料的选用是否合理以及价格成本的核算，以便考虑市场销售的可能性。

样衣还具备为批量生产提供面辅料采购的依据以及为批量生产提供加工工艺的实物参照等功能。样衣工作是成衣开发、生产、销售的第一步，也是服装工业的重要环节之一。设计师是样衣的主导，但样衣工作不是由设计师一人完成的，他必须与制版师、样衣工通力合作，以求样衣能够正确表达设计意图。设计师应具备打版、修改确认样板、缝制工艺等与设计效果密不可分的相关知识，只有这样才能准确把握设计，才能对与他配合的制版师、样衣工提出正确的要求。样衣是否能够完美地表达设计意图，样衣的外观形态和内在品质是否能很好地结合，这些都与制版、工艺技术的配合分不开。品牌服装企业一般都有设计部和样板间，前者主要是对新产品进行研究设计，后者负责把设计制成可穿的样衣，为成衣成本核价和批量生产的面辅料采购提供数据，为批量生产所需的工业样板、工艺单等提供技术支持。

样衣好坏对批量成品的质量起到至关重要的作用，所以在用正式材料制作完成样衣后也要经过审核，确认其款式造型是否美观、是否符合主题概念要求（图8-3-1）。有时为了达到样衣的完美效果，同一款式要经过多次修改，制作多件样衣。

第4节　样衣组合搭配审核及调整

　　现代品牌成衣都是以季节、主题概念或产品上市波次进行系列化设计、系列化推销的。在设计品种和数量上设计企划书都会有明确规定，但在单款设计时，一般都会要求在数量上翻倍进行设计，以便审核筛选。同样，在选定设计稿进行样衣制作时也会相应增加数量，以便审核与调整。当全部样衣完成后，企业一般都会在订货会前召开一次内部审核会，这次审核会不仅是设计总监带领设计部成员，还有销售总监带领销售业务员和部分一线营业员以及品牌推广总监带领的团队参与。个别企业的老板也会亲自参加这次样衣组合搭配的审核，目的是在订货会上推出下一季度完整的、系列化的新款产品。同时，品牌公司会在本次内部审核会上确认样衣的产品生产任务单，进入生产加工前的各种准备工作。在内部审核调整之后公司会把各地区的产品销售代理商、批发商请来参加下一季产品销售的订货会，再根据订货会上的订货情况制订产品批量生产的计划书（表8-4-1）。

表8-4-1　某名牌公司2016年春的部分产品生产计划书

款式图	款号	面料特性	面料产地	款式特点
	F20IC5003S 短袖针织 绿咖 奶白色 售价：￥	手感软、滑、干、舒爽，有弹性，透气性好	中国香港	绣花的加入让款式多元化，色彩协调，呈现出优雅的女人味
	F20IC5004S 短袖针织 墨绿色 奶白色 售价：￥	手感软、滑、干、舒爽，有弹性，透气性好	中国香港	绣花的加入让款式多元化，色彩协调，呈现出优雅的女人味
	F20ICA010B 包 米白色 绿咖 售价：￥	质地厚实，结实耐用，透气性好	中国内地	牛仔布与帆布的结合，增添自然美感

第5节　生产确认单

经过内部审核之后，下一季的款式生产就基本确认了。除了部分样衣被淘汰和需要调整重新打版制作样衣外，大部分被确认的样衣就以生产确认单的形式进入批量生产的前期准备（图8-5-1）。这时技术部门要根据被确认的样衣制作工业生产样板、里料样板、粘衬样板、领子和口袋的净样板，完成产品加工工艺单的撰写。而采购部门就必须以确认的样衣材料和计划生产的数量进行面辅料的采购工作。品牌形象推广部门在设计部门、销售部门的帮助下撰写FAB说明、进行产品陈列手册和画册制作。

××服装有限公司生产工艺制作单					单位：cm 日期：2019.05.16	
核准	制单审核	设计	特殊工艺		样衣制作	制单制作

款号：××款　　款式名：细褶短裙

成品尺寸规格表					辅料		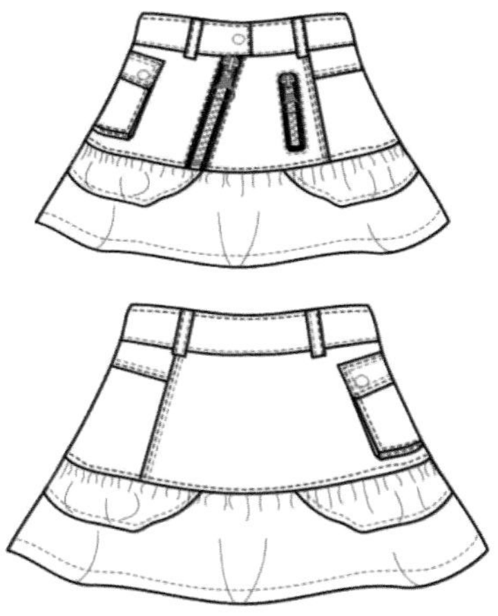 平面图
部位	2#	4#	6#	8#	商标　号标	×1	
					纽扣	×3	
裙长	27	30	33	36	拉链	×2	
腰围	50	52.5	55	57.5			

制作要求：
1. 面料应用斜纹200D。
2. 面线用20/3枣红和深绿色，底线与面线相同色。
3. 线色搭配请参照样衣。
4. 不详之处请询问开发部。

备注：

图8-5-1　某公司确认生产的工艺单

产品生产数量要根据订单而确定，订单有批发商下的，也有代理商下的，还有的是公司销售部门根据营销计划下的。确定加工数量后就要进行大、中、小号的数量分配。在中国成衣市场上通常男装分为五档，分别为特小号、小号、中号、大号和特大号；女装分为三档，分别为小号、中号和大号。分三档的产品分配通常是小号25%、中号50%、大号25%，而五档的产品分配通常是特小号10%、小号20%、中号40%、大号20%、特大号10%。但是还得考虑下单商家主销市场在哪里，如果是华南代理商下的单，那么小号的比例就要放大，变为小号40%、中号40%、大号20%；而如果是东北代理商下的单，那么大号的比例就要放大。在这些数据确认后就可以通过生产确认单，由相关审批人员签名，布置采购和生产任务（表8-5-1）。

表8-5-1　××服饰有限公司服装加工数量确认单　　　　　　　　表格号：

序号	名称	货号	首批生产数量	单位	颜色	XS	S	M	L	XL	面料	单款用料数	完成日期	备注（主销地区）
1														
2														
3														
4														
5														

制表人：　　　　　　　审批人：　　　　　　　日期：

第6节　产品FAB说明

FAB被称为黄金推荐法则，因为它适用于任何产品的销售，而且是最专业的推荐技术。FAB分别对应三个英文单词：F即Feature，指产品的特性、属性，与其他产品相比所独有的特点，表明产品所包含的客观现实的属性；A即Advantage，指产品的优点，能够带给消费者有用之处；B即Benefit，指产品的好处，由优点引发，当顾客使用产品时所感受到的利益和好处。所以，FAB就是一种销售人员通过详细介绍所销售的产品如何满足顾客的需求、如何给客户带来利益来说服顾客购买，从而提升成交率的方法。

由于消费者在购买服装时，并不单是购买服装的本身，更是为了服装能提供的美观、风格、品味、流行、耐用、舒适、修饰体形等益处。所以，营业员应该熟悉所销售服装的属性特点、功效作用和利益，并能条理清晰地为顾客介绍其所销售的服装有何与众不同的特性，它能带给顾客什么利益，准确地说出顾客所在乎的要点，以提高顾客对服装的选择度和易接受性，从而提高业绩成交率。

第7节 产品陈列手册的制作

在现代服装、时装中，产品陈列已是服装销售的重要一环，品牌公司会设立专门的陈列设计师。而产品陈列手册是某季、某主题系列或某波次产品上市前要完成的，它的主要作用是把控各销售网点展示效果的一致性、系列性、可视性，突出产品风格、品位、特点与主题概念（图8-7-1至图8-7-4）。

陈列的目的如下：

① 销售——让品牌新产品展现在消费者面前，消费者可以仔细观赏，甚至可以试穿品鉴，以增加顾客购买兴趣。

② 说服——通过陈列说服顾客，使其具有认同感，从而达到销售目的。

③ 展示——品牌产品通过美的展示，可增加其产品的艺术性和美感。

④ 告知——说明新产品、新概念、最新流行元素的重要载体，使得目标消费群体接受新的理念、新的时尚潮流。

⑤ 启发——通过对知识的获取，使目标消费者了解品牌新产品的特性，从而决定购买。

主色：白色、黄色、黑色

店内可根据模特数量多少自行搭配，注意模特的摆位要自然生动，模特与模特之间要拟人化。款式搭配注重整体性，要符合季节销售期，定期更换橱窗陈列。

橱窗内灯光的调配：各射灯、轨道灯应该照射在模特的胸与锁骨之间的位置，根据模特的摆位，自行调配。

通透性橱窗陈列要与临近的侧挂陈列为同一系列，增加卖场统一感。

F20IC4005S黄色　F20IC4131K黑色
F20IC4162L　　　F20IC4001S
F20IC4003S　　　F20IC4161Q

图8-7-1　橱窗与模特陈列1

主色：白色、橙色、绿咖

F20IC5002S绿咖　F20IC5141K白色
F20IC5112L橙色

F20IC5133L（F20IC5005S小坎肩可与连衣裙搭配，
根据各店当地气温自行搭配）
F20IC5003S绿咖　　　F20IC5132Q

F20IC5231L
F20IC5004S　F20IC5162K

F20IC5172L
F20IC5171T　F20IC5161K绿咖

图8-7-2　橱窗与模特陈列2

图8-7-3　配饰陈列

主色:白色、黄色、黑色

系列色搭配

系列色搭配

图8-7-4　商场陈列

第8节 画册制作

品牌公司在新一季产品推出之前都会精心选择有代表性的产品进行拍摄、制作画册，以便宣传之用（图8-8-1、图8-8-2）。传统的新季画册制作都是以有代表性的主推新款展示为主。但近几年，一些高端品牌新季成衣画册的画面几乎看不到新款造型，而常常以表达新的思想理念、新的审美眼光为主。他们相信如果他们的理念能够被消费者接受，得到消费者共鸣，那他们的新产品就一定可以得到消费者的青睐。

完成了以上各项步骤，成衣的新产品开发就基本完成了。接下来就进入召开下一年度的新款销售订货会和新产品批量生产的阶段。

图8-8-1 画册制作1

图8-8-2 画册制作2

思 考 题

以5～6名学生组成团队，设立一个虚拟品牌，针对目标消费群体进行市场定位，以春夏装或秋冬装的形式进行系列新产品开发设计，数量为50～80款的服装和5～10款的服饰配套品，要求上装、下装、内衣、外套可以有多种搭配，配饰与之相呼应，并制作生产计划书、新产品说明书和陈列手册。

03
PART 应用篇

第9章　品牌成衣设计企划案例

本章导读

　　成衣设计是针对目标消费者的市场化设计，受品牌定位、档次、风格、时间、地点等因素的制约，在成衣设计之前应该了解自己要干什么？能干什么？最终目的是什么？对于大学生来讲，在练习成衣设计之前需要对设计服务对象、服装风格、季节、区域等要素进行说明，再加上对市场的调研和对流行要素的把握，然后用模拟的方法进行练习，这是最为可行、最有效的方法，也是每一个大学生将来成长为设计师必须掌握的技能和方法。

　　由于成衣市场非常繁荣，且各种成衣风格迥异、档次分化、品种繁多，还因为各类品牌公司的市场占有率不同、资金投入不同、规模不同、文化理念不同、公司战略规划不同，一些相同风格的品牌成衣对新季度的企划设计也不同。也就是说，每一个成衣品牌的设计企划案都不会相同；同一个品牌，在不同的发展时期，它所做出的设计企划案也是不同的。所以，成衣企划设计并没有一个固定标准。正是因为这样，作为一名优秀的设计工作者需要非常清晰地知道本品牌现阶段所处的发展阶段以及公司未来的规划和发展方向，从而制订出符合现阶段发展的成衣企划设计方案。如果仅仅是从学校的教科书上照搬下来的一些技法加上流行趋势发布会上的信息，那么企划书做得再漂亮也没有用。

　　本章我们从男装、女装、童装、运动休闲和内衣等几个模块来分享一些品牌成衣设计企划案例，从而帮助学生更好地了解各品类的成衣设计情况。我们将从灵感来源、主题、产品定位、竞品分析、价格带、上市波段等方面来介绍成衣设计企划案的重要组成部分。

第1节　男装品牌成衣设计企划案例

　　下面是××王–灰标18/SS的设计企划案，重点来看下它们的主题版和色版。

　　企划案主题：大自然音频。共分为五个波段，其中春季两个波段（春一、春二），每个波段各两组（系列），共计4个系列；夏季三个波段（夏一、夏二、夏三），前面两个波段各两组（系列），最后一个波段一组（系列），共计5个系列。所以，春夏两季合计5个波段，9个系列。

9.1.1 2018××王–灰标春夏季主题版"大自然音频"

你听过大自然的声音吗？你用心听过大自然的声音吗？你认真听过大自然的声音吗？大自然的声音是多种多样的，种类不计其数，但是只要你认真、用心地去听大自然的声音，你就一定会感受到它的奇妙与美妙，各种声音是大自然的音乐盒。你听，流水落叶的细语，昆虫的鸣叫……是大自然赐予我们的礼物。本季我们将灵感锁定为音频，带给大家一席不一样的音乐盛宴（图9-1-1至图9-1-3）。

图9-1-1　2018春夏季主题版
"大自然音频"的灵感概念

图9-1-2　2018春夏季主题版
"大自然音频"的色彩概念版

图9-1-3　2018春夏季主题版"大自然音频"的造型概念

9.1.2 2018××王-灰标春季

2018××王-灰标春季共分两个上市波段，并分别设立分段主题。

（1）2018××王-灰标春季第一波，主题"动感音频"，该波段分为两组（图9-1-4至图9-1-7）。

图9-1-4 2018春季第一波，主题"动感音频"的两组色彩概念

图9-1-5 2018春季第一波，主题"动感音频"的两组造型概念

图9-1-6 2018春季第一波，
主题"动感音频"的细节概念

图9-1-7 2018春季第一波，
主题"动感音频"的图案概念

（2）2018××王-灰标春季第二波，主题"金蝉"，该波段分为两组（图9-1-8至图9-1-11）。

图9-1-8　2018春季第二波，主题"金蝉"的两组色彩概念

图9-1-9　2018春季第二波，主题"金蝉"的两组造型概念

图9-1-10　2018春季第二波，主题"金蝉"的细节概念

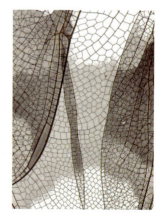

图9-1-11　2018春季第二波，主题"金蝉"的图案概念

9.1.3　2018××王-灰标夏季

2018××王-灰标夏季共分三个上市波段，并分别设立分段主题。

（1）2018××王-灰标夏季第一波，主题"动感音波"，该波段分为两组（图9-1-12至图9-1-15）。

图9-1-12　2018夏季第一波，主题"动感音波"的两组色彩概念

图9-1-13　2018夏季第一波，主题"动感音波"的造型灵感

图9-1-14　2018夏季第一波，
主题"动感音波"的图案概念

图9-1-15　2018夏季第一波，
主题"动感音波"的细节灵感

（2）2018××王-灰标夏季第二波，主题"金蝉脱壳"，该波段分为两组（图9-1-16至图9-1-19）。

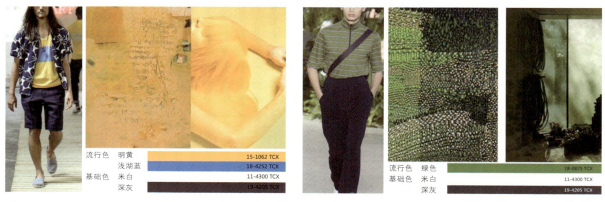

图9-1-16　2018夏季第二波，主题"金蝉脱壳"的两组色彩概念

图9-1-17　2018夏季第二波，主题"金蝉脱壳"的两组造型灵感

图9-1-18　2018夏季第二波，
主题"金蝉脱壳"的细节灵感

图9-1-19　2018夏季第二波，
主题"金蝉脱壳"的图案概念

（3）2018××王–灰标夏季第三波，主题"超声波"，共一组（图9-1-20、图9-1-21）。

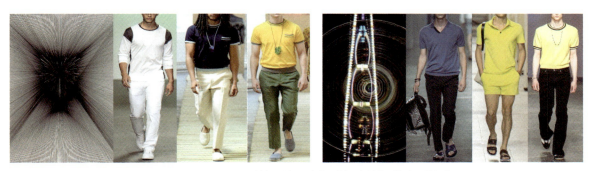

图9-1-20 2018夏季第三波，主题"超声波"的造型灵感

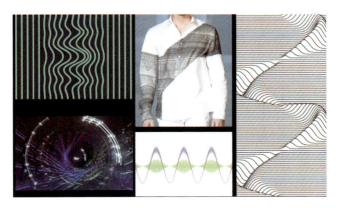

图9-1-21 2018夏季第三波，主题"超声波"的细节灵感

第2节 女装品牌成衣设计企划案例

9.2.1 拉·贝缇（La Babite）在市场上所处地位

提到国内女装，不得不提到拉夏贝尔公司，它是一家在中国快速发展的多品牌时尚集团，从事设计、品牌推广和销售服饰产品，主营大众女性休闲服装。目前，其拥有很多品牌：La Chapelle的时尚优雅，La Babite的清新精致，Puella的个性趣味，Candies的时尚少女，7m的潮流少女，Pote的活力混搭，Vougeek的时尚创新，MARCECKO的美式精致，ULifeStyle的跨界创意，还有OTR、七格格、杰克沃克等，每一个子品牌都是一次传承和创新的延伸。

　　其中拉·贝缇（La Babite）是拉夏贝尔旗下销售增长率最高、最具潜力的少女装品牌。接下来，我们重点介绍一下拉·贝缇（La Babite）。以下为拉·贝缇（La Babite）2018年秋冬的设计企划案，主要从竞争品牌分析、品牌SWOT分析、价格及卖点介绍、陈列等方面来介绍设计企划案的重要组成部分。

　　市场上与拉·贝缇（La Babite）有竞争关系的服装品牌如图9-2-1所示。拉·贝缇（La Babite）与竞争品牌在市场中的位置如图9-2-2所示。

公司	品牌
凌致	ONLY　VERO MODA　JACK·JONES
依恋集团	E·LAND AMERICAN CLASSIC　teenie weenie　PRICH　SCOFIELD　PLORY　sCat
英模特	Etam PARIS　Etam WEEKEND　Etam lingerie　E&JOY by ETAM
Inditex集团	ZARA　PULL&BEAR　Massimo Dutti　Bershka　stradivarius　OYSHO　ZARA HOME　UTERQÜE
赫基国际	ochirly　Five Plus　TRENDIANO HOMME EST.2010　Love Ysabel by ochirly
日本迅销集团	UNIQLO　GU　ASPESI　COMPTOIR DES COTONNIERS

图9-2-1　市场上与拉·贝缇（La Babite）有竞争关系的服装品牌

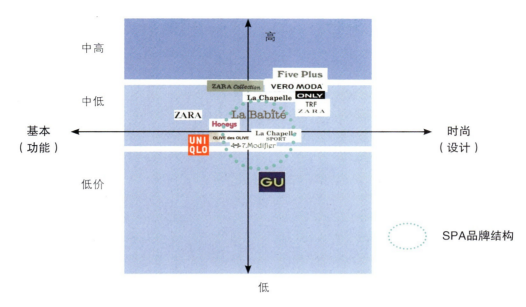

图9-2-2 拉·贝缇（La Babite）与竞争品牌在市场中的位置

9.2.2 2018 拉·贝缇（La Babite）秋冬设计企划

取部分商品企划内容与陈列企划内容为案例说明。在商品企划中通常有产品上柜节奏、品种分布、主推大类、价格带以及FAB产品特征说明。在陈列企划中需要根据不同的主题、不同的色系、不同的季节和产品种类进行布置和调整。

（1）2018 拉·贝缇（La Babite）秋冬商品企划案例如图9-2-3、图9-2-4所示。

图9-2-3 2018 拉·贝缇（La Babite）秋冬商品企划项目表案例

大衣	60007285		
波段	9B复古X时代		
颜色	米色	价格	1899
卖点	全羊毛双面呢大衣，简洁利落的剪裁，任何身材都能很好驾驭。		

大衣	60007059		
波段	9B复古X时代		
颜色	米色	价格	1099
卖点	双面呢大衣，颜色新颖，慵懒的睡衣风，能修饰腰身，敞开穿既凹造型又不失风度。		

羽绒外套	60007104		
波段	10D复古X时代		
颜色	灰蓝	价格	1299
卖点	极简短款增加了织带分割设计立马有了新的活力，饱满鸭绒使其具有很好的保暖效果。		

大衣	60007282		
波段	9C花园派对		
颜色	灰蓝	价格	899
卖点	精致皮毛一体面料，颜色柔美，保暖性强，廓形包容性强。		

羽绒外套	60007305		
波段	10D常青藤文化		
颜色	灰绿	价格	2699
卖点	作为品质款里的轻薄款是它的主要卖点，尊享美标800超高品质鹅绒加精品狐狸毛。		

大衣	60007053		
波段	9D复古X时代		
颜色	黑色	价格	1899
卖点	80毛双面呢大衣，颜色百搭，手感柔软，过膝长度，帅气潇洒。		

图9-2-4 2018拉·贝缇（La Babite）秋冬商品企划中具体产品内容案例

（2）2018 拉·贝缇（La Babite）秋冬商品陈列企划案例如图9-2-5、图9-2-6所示。

图9-2-5　2018 拉·贝缇（La Babite）秋冬商品陈列企划项目案例

陈列要求：

A 区应当陈列最新波段和店铺畅销款、爆款（根据店铺到货情况界定区域大小、模特必须穿着畅销款或主推款）以及合作款等。

B 区陈列由 A 区撤下不是最新波段的正价新款（放于试衣间、收银台附近有助于二次激发销售）。

C 区一般陈列到店时间最长的货品（包含正价款、打折款，分清区域即可）。

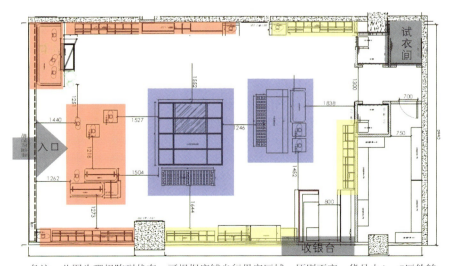

备注：此图为理想陈列状态，可根据店铺自行界定区域，原则不变。货品由A～C区轮转。

图9-2-6　2018 拉·贝缇（La Babite）秋冬商品企划陈列内容案例

第3节　童装品牌成衣设计企划案例

我们来看一份迪乐菲儿（Deloras）2015年春季童装的设计企划案例，通过对案例中主题故事和上市波段的分享，来了解这两块内容对企划案的重要性。

9.3.1 迪乐菲儿（Deloras）2015年春季童装主题一：经典系列——玫瑰人生

2015年该主题依然是花卉的海洋，数码印花、立体花装饰、蕾丝、网纱、透明质感的欧根纱混用，新生的印花面料展现出新的流行感，体现出女孩的柔美和浪漫氛围（图9-3-1至图9-3-5）。

图9-3-1　迪乐菲儿（Deloras）2015年春季童装"经典系列——玫瑰人生"主题概念和色彩概念企划

La Vie en Rose 玫瑰人生
女大童图案：
图案意向：
定位印花
转移印花+钉珠
片印印花
局部定位
PHILIPP PLEIN
JUNIOR
印花+定珠+片
面料需求：
50D仿记忆
印花雪纺
弹力牛仔
TR小卫衣布
220g拉架汗布
RT罗马布
网纱
细节元素：
透明材质+印花面料
局部立体装饰
不同材质的拼接

图9-3-2　迪乐菲儿（Deloras）2015年春季童装“经典系列——玫瑰人生”
女大童的图案意向、面料要求和细节元素企划

La Vie en Rose 玫瑰人生
女小童图案：
图案意向：
转移印花+烫钻+
立体花装饰
定位印花+立体花装饰
整片印花加立体装饰
数码印花加立体装饰
T-SHIRT T-SHOPS
印花+钉钻
印花+烫钻+立体装饰
面料需求：
50D仿记忆
印花雪纺
弹力牛仔
TR小卫衣布
220g拉架汗布
RT罗马布
网纱
细节元素：
雪纺+印花梭织布
雪纺与印花拼接
辅料装饰
局部荷叶边

图9-3-3　迪乐菲儿（Deloras）2015年春季童装“经典系列——玫瑰人生”
女小童的图案意向、面料要求和细节元素企划

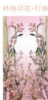

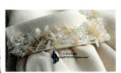

女大童主要品类和搭配方式

薄棉服：1款　开衫毛衣：2款　圆领毛衣：1款　风衣：1款　针织衫：1款　长袖T恤：2款　短袖T恤：1款　针织裤：1款
牛仔裤：2款　长袖衬衣：1款　毛织连衣裙：1款　梭织连衣裙：1款　针织连衣裙：1款　半身裙：1款　衬衫裙：1款
共18款

图9-3-4　迪乐菲儿（Deloras）2015年春季童装"经典系列——玫瑰人生"
女大童的主要品类和搭配方式

女小童主要品类和搭配方式

薄棉服：2款　风衣：2款　夹克：1款　开衫毛衣：2款　圆领毛衣：1款　针织衫：1款　长袖衬衣：1款　短袖T恤：3款
牛仔裤：2款　针织裤：2款　毛织连衣裙：1款　梭织连衣裙：1款　背心裙：1款　针织连衣裙：1款　半身裙：1款
共22款

图9-3-5　迪乐菲儿（Deloras）2015年春季童装"经典系列——玫瑰人生"
女小童的主要品类和搭配方式

9.3.2 迪乐菲儿（Deloras）2015年春季童装主题二：时尚系列——彩色艺术家

时尚、多彩，卫衣面料和蕾丝布的结合，净色面料上点缀彩色的立体装饰（图9-3-6、图9-3-7）。

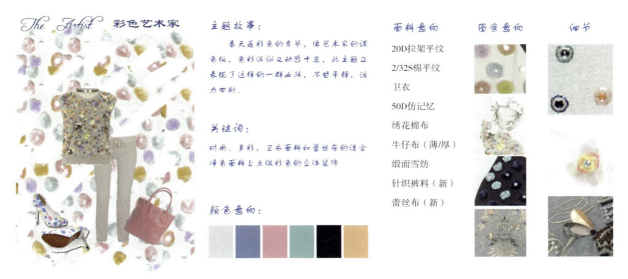

图9-3-6 迪乐菲儿（Deloras）2015年春季童装"时尚系列——彩色艺术家"的主题概念、颜色意向、面料意向、图案意向和细节要求企划

图9-3-7 迪乐菲儿（Deloras）2015年春季童装"时尚系列——彩色艺术家"的款式搭配方式企划

第4节 运动休闲品牌成衣设计企划案例

　　近年来中国运动休闲品牌服饰得到飞速发展，其中以运动风为主的代表品牌有李宁、乔丹、安踏、361°等，以休闲加运动风为主的有森马、美特斯邦威等。这里我们选用安踏2015 Q2[①]企划书作为网球运动休闲系列的企划案例。

　　1991年，在福建晋江的一家制鞋作坊门口第一次挂上了安踏的标志。经过二十几年的发展，安踏体育用品有限公司现已成为国内知名的综合体育用品品牌公司，从事设计、开发、制造和行销安踏品牌运动鞋、服装及配饰，集团营销业务遍布全球。

　　以下为安踏2015年第二季度的企划案例。每一个成熟品牌在进行季度企划设计时，都需要总结过去、展望未来。本次安踏企划首先提出三个问题，如下：

　　（1）相对往季订销，我们有哪些改进和优化？

　　（2）本季的重点产品有哪些？

　　（3）重点产品将如何进行市场推广并落实到终端？

　　为此，该企划书分为四个单元展开（图9-4-1）。

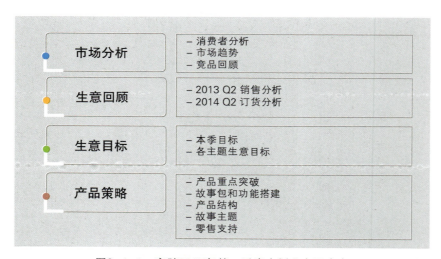

图9-4-1　安踏2015年第二季度企划书主要内容

---

① Q2为企业报表中常用的语言，特指每年的第二季度，即每年的4月、5月、6月三个月，2015 Q2即指2015年第二季度。

9.4.1 市场分析

9.4.1.1 目标消费者定位

目标消费者定位如图9-4-2、图9-4-3所示。

人群特征: 25～35岁,以机关干部、白领阶层等人群为主,强烈爱好网球运动,关注明星及比赛,经常打网球,有较固定的网球活动圈。

性别比: 7∶3

产品需求: 注重功能性,款式美观大方。

人群特征: 20～35岁,以大学生、年轻白领等人群为主,偶尔打网球或想打网球,认为网球是一项城市潮流运动,喜欢约朋友一起娱乐、锻炼。

性别比: 6∶4

产品需求: 舒适、透气,方便穿着,便于运动,款式美观。

人群特征: 20～45岁,以大学生、工薪阶层等人群为主,喜欢网球文化,其需求及购买动机是网球运动所体现的典雅与品位,代表生活态度的与众不同。

性别比: 6∶4

产品需求: 穿着舒适,款式美观,气质好,搭配性强,性价比高。

运动驱动者	态度驱动者

图9-4-2　目标消费者定位1

- 主力消费群:

  20～45岁(Core 核心:25～35岁)。

  Men(男):Women(女)= 58%∶42%。

- 以城市消费群体为主,多数为业余爱好者级别,偶尔打网球或不打网球。

- 产品穿着注重时尚、品味、搭配、性价比。

- 在夏季,运动强度相对其他季度有所增加,可相对提高专业训练类产品的比例。

- 夏季产品注重透气、凉爽、速干、舒适、活动自如;在户外打网球的女生还需求抗UV功能产品。

图9-4-3　目标消费者定位2

9.4.1.2 市场趋势

条纹是一种长久的流行趋势，从澳网赛场到2015年春夏的流行趋势，我们都能看到活跃的条纹元素，并且出现了新的色彩及结构的变化（图9-4-4）。

Elina Svitolina in Ellesse, Australian Open January 2014   Tomas Berdych in H&M, Australian Open January 2014   Source: GQ Style Italia   Nike NSW x Fragment Design

图9-4-4　条纹元素

9.4.1.3 竞争品牌分析

竞争品牌阿迪达斯2014 Q2网球系列产品分析如图9-4-5至图9-4-7所示。

图9-4-5　阿迪达斯2014 Q2网球系列产品分析1

可借鉴之处：

1. 面料：以涤类及混纺类产品面料为主；涤类主打透气及速干的 climachill 和 chimalite 等功能；条纹类产品多为棉涤或涤棉类混纺面料。
2. 设计：条纹元素/简洁涤纶类产品多色风格。
3. 品名：主打POLO衫和短裤。

图9-4-6 阿迪达斯2014 Q2网球系列产品分析2

可借鉴之处：

1. 面料：以涤类及混纺类产品面料为主；涤类主打透气及速干的 climachill 和 chimalite 等功能；条纹类产品多为棉涤或涤棉类混纺面料。
2. 设计：条纹元素/简洁涤纶类产品多色风格。
3. 品名：主打POLO衫和网球裙。

图9-4-7 阿迪达斯2014 Q2网球系列产品分析3

9.4.2 内部（同比）总结

安踏网球品类2013 Q2销售分析和2014 Q2订货分析如图9-4-8至图9-4-15所示。

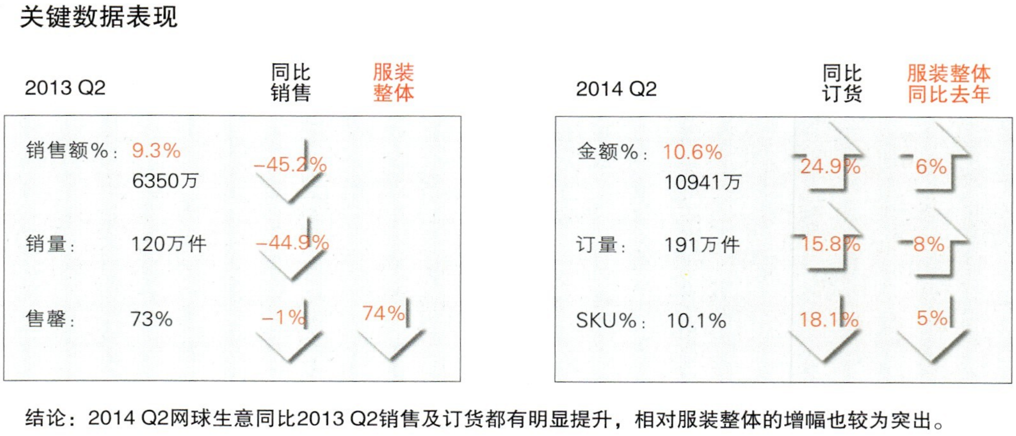

关键数据表现

结论：2014 Q2网球生意同比2013 Q2销售及订货都有明显提升，相对服装整体的增幅也较为突出。

图9-4-8　安踏2013 Q2销售和2014 Q2订货分析

品类说明	2012 Q2			2013 Q2			2014 Q2	
	销售量	销额占比	售罄率	销售量	销额占比	售罄率	订单量	订额占比
比赛短裤	5417	0.23%	82.14%				15455	0.65%
比赛上衣	9401	0.39%	76.71%	9078	0.67%	49.24%		
短裙	37482	1.52%	66.80%	28348	2.13%	76.90%	67030	3.66%
短袖POLO衫	1159390	56.91%	74.17%	540713	46.90%	68.30%	1173075	63.12%
短袖针织衫	438613	16.93%	76.24%	244432	15.99%	82.55%	322751	12.70%
短袖针织运动上衣	4001	0.26%	86.04%					
连衣裙	2476	0.15%	61.90%	813	0.09%	93.56%	9225	0.56%
梭织短裤	85856	3.61%	82.43%	208911	16.86%	73.34%	161530	8.99%
梭织九分裤							24953	1.66%
梭织七分裤	231472	9.88%	75.67%	38392	3.33%	68.32%		
梭织五分裤	110448	5.98%	83.02%	13506	1.27%	79.19%	39225	2.53%
梭织休闲长裤				72639	9.38%	76.65%	52810	4.17%
梭织运动长裤	82999	3.76%	74.09%					
针织七分裤	8008	0.38%	90.28%	22286	1.63%	89.07%	11070	0.54%
针织五分裤							4360	0.24%
中袖针织衫				18551	1.75%	84.10%	28025	1.19%
总计	2175563	100.00%	75.37%	1197669	100.00%	72.53%	1909509	100.00%

分析：

1. 整体而言，主力品类为短袖POLO衫，2014 Q2这个品类订货金额占比高达63.12%，但从2013 Q2整体服装POLO衫售罄下滑等趋势来看，2015 Q2 POLO衫的量还需要控制。

2. 短袖针织衫虽然不是重点，但仍然可占到较高的比例，生意仍有可以上升的空间。

3. 梭织短裤是下装品类的主力，需进一步加强产品，巩固生意。

4. 短裙品类生意占比提升，售罄提升，客户接受度提高，产品逐渐成熟，可继续开发。

图9-4-9　安踏2012 Q2～2014 Q2网球品类销售和订货分析

＊2014 Q2 整体均价提升较大，客户订货趋向文化类产品，训练类产品订货较少。

＊棉类和混纺类文化产品订货表现突出。

＊2015 Q2 需在面料上寻求突破，适当提升训练类产品比例。

主题	2013 Q2					2014 Q2			
	SKU数	SKU占比	订货金额占比	售罄	均价	SKU数	SKU占比	订货金额占比	均价
文化（俱乐部）	64	56%	60%	73%	180	81	87.1%	87.6%	172
训练（跃动）	50	44%	40%	73%	135	12	12.9%	12.4%	168
总计	114	100.0%	100.0%	73%	158	93	100.0%	100.0%	172

主题	2013 Q2					2014 Q2			
	SKU数	SKU占比	订货金额占比	售罄	均价	SKU数	SKU占比	订货金额占比	均价
涤	44	38.6%	38.7%	73%	134	14	15.1%	16.0%	175
涤棉	3	2.6%	0.5%	66%	159				
棉	18	15.8%	18.8%	74%	189	21	22.6%	27.1%	190
棉涤	49	43.0%	42.0%	73%	175	58	62.4%	56.9%	163
总计	114	100.0%	100.0%	73%	158	93	100.0%	100.0%	172

图9-4-10　安踏2013 Q2～2014 Q2网球品类销售和订货分析

货号：	15323301-2	货号：	15323122-2	货号：	15323117-1	货号：	16323113-1	货号：	15323122-1
零售价：	119	零售价：	199	零售价：	159	零售价：	179	零售价：	199
销售量：	80266	销售量：	51106	销售量：	43388	销售量：	33186	销售量：	32493
售罄：	83%	售罄：	88%	售罄：	81%	售罄：	66%	售罄：	65%

1. 简洁基础板型的POLO产品表现较好，尤其是情侣POLO衫。

2. 女装圆领简洁图案/字母的基础款表现较好。

货号：	16323303-3	货号：	15323117-2	货号：	16323141-1	货号：	16323346-2	货号：	16323142-1
零售价：	179	零售价：	159	零售价：	99	零售价：	159	零售价：	119
销售量：	31992	销售量：	31633	销售量：	31137	销售量：	31064	销售量：	30240
售罄：	70%	售罄：	83%	售罄：	84%	售罄：	69%	售罄：	93%

图9-4-11　安踏2013 Q2销量前10名

货号：	15323123-1	货号：	15323304-1	货号：	15323321-1	货号：	16323347-1	货号：	16323202-2
零售价：	239	零售价：	179	零售价：	159	零售价：	219	零售价：	159
销售量：	1293	销售量：	1229	销售量：	1212	销售量：	1004	销售量：	937
售罄：	53%	售罄：	69%	售罄：	55%	售罄：	69%	售罄：	73%

1. 女款梭织棉布下装产品需突破。
2. 连衣裙品类需重新思考方向，在产品宽度减少的情况下也考虑暂时取消。
3. 男装高端产品需提升品质感。

货号：	16323206-3	货号：	15323125-2	货号：	15323123-3	货号：	15323141-2	货号：	16323347-2
零售价：	219	零售价：	179	零售价：	239	零售价：	119	零售价：	219
销售量：	813	销售量：	767	销售量：	718	销售量：	543	销售量：	397
售罄：	94%	售罄：	39%	售罄：	59%	售罄：	78%	售罄：	51%

图9-4-12　安踏2013 Q2销量后10名

货号：	15423115-3	货号：	15423118-2	货号：	16423111-1	货号：	16423116-3	货号：	15423117-2
零售价：	199	零售价：	179	零售价：	179	零售价：	119	零售价：	159
订单量：	114755	订单量：	70195	订单量：	69345	订单量：	65450	订单量：	56310

1. 条纹类产品订货理想。
2. 情侣款产品表现突出。
3. POLO产品面料丰富。

货号：	15423115-1	货号：	16423116-2	货号：	15423119-3	货号：	15423302-2	货号：	15423118-4
零售价：	199	零售价：	119	零售价：	199	零售价：	199	零售价：	179
订单量：	53090	订单量：	49780	订单量：	44345	订单量：	43480	订单量：	43255

图9-4-13　安踏2014 Q2订量前10名

货号:	15423123-3	货号:	15423323-1	货号:	16423142-2	货号:	16423780-3	货号:	16423142-3
零售价:	199	零售价:	199	零售价:	139	零售价:	159	零售价:	139
订单量:	4205	订单量:	4000	订单量:	3730	订单量:	3595	订单量:	3300

1. 针织类下装产品相比不具优势，整体订单情况不理想。
2. 主身绿色系产品接受度低，尤其是女款。

货号:	15423123-1	货号:	16423110-3	货号:	15423123-5	货号:	15423780-1	货号:	15423780-2
零售价:	199	零售价:	159	零售价:	199	零售价:	179	零售价:	179
订单量:	3180	订单量:	2855	订单量:	2685	订单量:	2350	订单量:	2010

图9-4-14 安踏2014 Q2订量后10名

2014 Q2订货亮点及存在问题

1. 上装:

　　网球重点品类短袖POLO衫订量117万件，同比2013 Q2提升46％，表现良好，情侣款表现突出。但整体训练类产品仅占到12％生意，需警示。

情侣搭配，订量共计34万件

　　短袖针织衫订量32万件，同比2013 Q2销量提升11％，本季风格突破得到客户认可。

2. 下装:

　　梭织短裤同比开发减少3款，订量减少12万件，但单款贡献订单仍有提升，可考虑加大开发。

　　针织七分裤/针织五分裤等针织类下装产品相比其他系列不具优势，表现较弱；网球裙订单提升明显。

2015 Q2策略方向

1. 上装:

　　持续聚焦核心POLO衫品类，巩固POLO衫主力生意，本季目标完成110万件生意，POLO产品仍需进一步强化主题；其中，训练类产品需加强设计，提升占比。

　　短袖针织衫保持原有风格，在领型、面料及细节方面进一步突破。

2. 下装:

　　取消部分针织类下装类产品，聚焦短裤品类作为核心，巩固梭织棉类短裤产品生意，同时加强涤纶短裤设计。

　　持续开发网球裙等属性产品，提升产品运动属性。

图9-4-15 安踏网球生意往季回顾总结

9.4.3 销售计划目标—本季目标—各主题生意目标

安踏网球品类本季生意目标如图9-4-16所示。

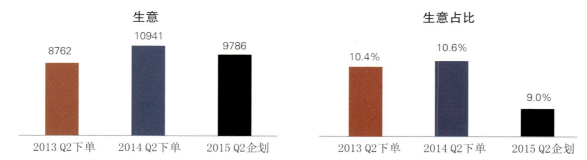

订货季节	款数	SKU数	未税金额（万）	订单量（万）	单SKU订深	单款贡献	毛利
2013 Q2下单	44	114	8762	165	14467	199	40.70%
2014 Q2下单	35	93	10941	191	20532	312	42.00%
2015 Q2企划	33	91	10533	167	18315	300	42.50%
2015 Q2 VS 2014 Q2	—5%	—2%	—10%	—12%	—10%	—3%	2%
2015 Q2 VS 2013 Q2	—25%	—20%	11%	1%	26%	50%	1%

图9-4-16　安踏网球品类本季生意目标

9.4.4 产品计划—产品重点突破—故事包和功能搭建—产品结构—故事主题—零售支持

9.4.4.1 2015 Q2产品结构、销售目标、上市波段

安踏2015 Q2网球品类产品结构、销售目标及上市波段如图9-4-17至图9-4-19所示。

品类说明	2014 Q2				2015 Q2			
	款数	SKU数	订货金额	金额占比	款数	SKU数	预估金额	金额占比
短袖POLO衫	15	42	6412	62.6%	15	43	6397	60.73%
短袖针织衫	8	21	1318	12.9%	9	24	1502	14.26%
短裙	1	2	379	3.7%	2	4	450	4.27%
连衣裙	1	2	58	0.6%				
梭织短裤	3	10	1001	9.8%	4	12	1179	11.19%
梭织九分裤	1	4	173	1.7%				
梭织七分裤					1	3	250	2.37%
梭织五分裤	2	4	263	2.6%	1	3	325	3.09%
梭织休闲长裤	1	2	433	4.2%	1	2	430	4.08%
针织七分裤	1	2	56	0.5%				
针织五分裤	1	2	25	0.2%				
中袖针织衫	1	2	123	1.2%				
总计	35	93	10240	100.0%	33	91	10533	100.0%

　　2015 Q2本季取消连衣裙、九分裤、中袖针织衫等单一品类；其中，针织五分裤等不具优势的品类被短裤类产品取代。

　　聚焦POLO衫、短袖针织衫、短裤品类，目标占比86.18%；其中，以POLO衫为主要生意点，金额占比60.73%。

　　适当提升训练T/网球裙等专业属性产品，提升产品运动属性。

图9-4-17　安踏网球品类2015 Q2品名结构及生意目标

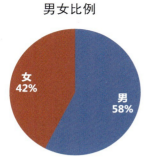

男女比例

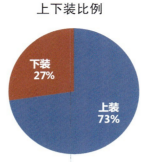

上下装比例

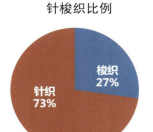

针梭织比例

性别	款数	SKU数
男	19	52
女	14	39

上下装	款数	SKU数
上装	24	70
下装	9	21

针梭织	款数	SKU数
梭织	9	21
针织	24	670

图9-4-18　安踏2015 Q2网球品类产品结构

南区上市

南区上市	品类说明	款数	款数占比
4月1日	短裙	1	3.03%
	短袖POLO衫	6	18.18%
	短袖针织衫	6	18.18%
	梭织短裤	1	3.03%
	梭织五分裤	1	3.03%
	梭织休闲长裤	1	3.03%
	梭织七分裤	1	3.03%
4月1日 汇总		17	51.52%
5月1日	短裙	1	3.03%
	短袖POLO衫	9	27.27%
	短袖针织衫	3	9.09%
	梭织短裤	2	6.06%
	短裤	1	3.03%
5月1日 汇总		16	48.48%
总计		33	100%

中北区上市

4月1日　42.42%

5月1日　57.58%

中北区上市	品类说明	款数	款数占比
4月1日	短裙	1	3.03%
	短袖POLO衫	6	18.18%
	短袖针织衫	3	9.09%
	梭织短裤	1	3.03%
	梭织五分裤	1	3.03%
	梭织休闲长裤	1	3.03%
	梭织七分裤	1	3.03%
4月1日 汇总		14	42.42%
5月1日	短裙	1	3.03%
	短袖POLO衫	9	27.27%
	短袖针织衫	6	18.18%
	梭织短裤	2	6.06%
	短裤	1	3.03%
5月1日 汇总		19	57.58%
总计		33	100%

图9-4-19　安踏2015 Q2网球品类上市波段

9.4.4.2 2015 Q2产品线搭建、目标消费者定位、风格定位

安踏2015 Q2网球品类产品线搭建、产品定位如图9-4-20、图9-4-21所示。

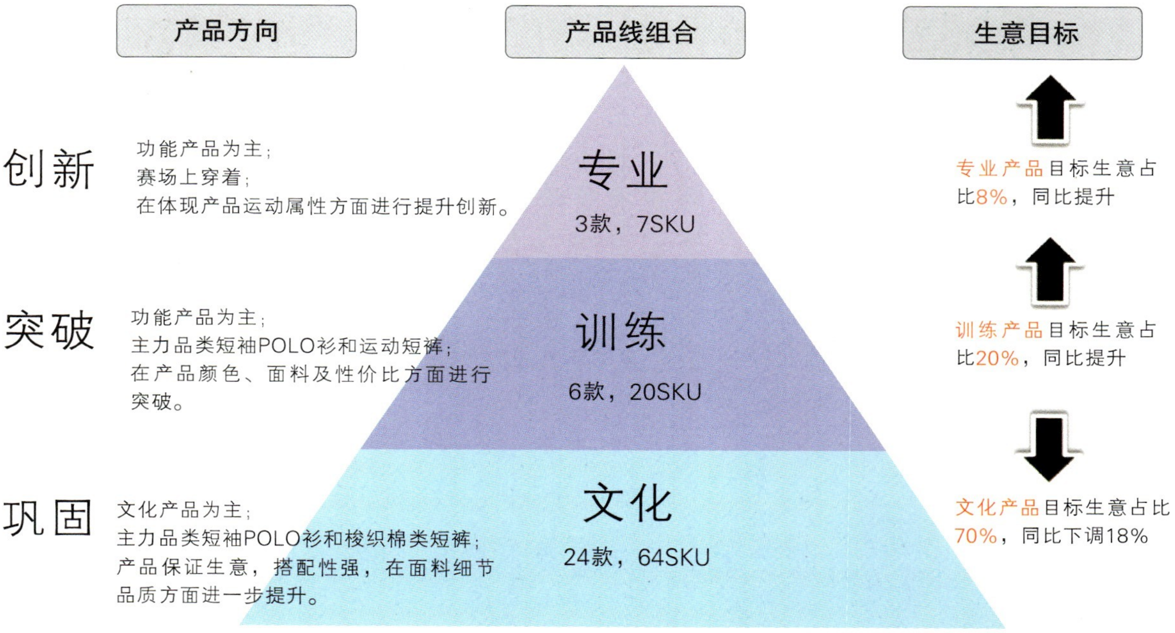

产品方向	产品线组合	生意目标

创新　功能产品为主；
赛场上穿着；
在体现产品运动属性方面进行提升创新。

突破　功能产品为主；
主力品类短袖POLO衫和运动短裤；
在产品颜色、面料及性价比方面进行
突破。

巩固　文化产品为主；
主力品类短袖POLO衫和梭织棉类短裤；
产品保证生意，搭配性强，在面料细节
品质方面进一步提升。

专业
3款，7SKU

训练
6款，20SKU

文化
24款，64SKU

专业产品目标生意占
比8%，同比提升

训练产品目标生意占
比20%，同比提升

文化产品目标生意占比
70%，同比下调18%

图9-4-20　安踏2015 Q2网球品类产品线搭建

– Return to classic 优雅运动

Target Customer 目标消费者
– 20～45（Core 核心：25～35）
– Men（男）：Women（女）= 57%：43%

Style
– Simple, Clean & Stylish 简洁时尚
– Heritage 经典
– Chic & Elegance 精致、优雅

图9-4-21　安踏2015 Q2网球品类产品定位

9.4.4.3 2015 Q2主题概念——永远的条纹

网球场的线条、球的流动以及球员的那些富于变化的精彩演绎，就像条纹所带给人的感觉：优雅、流动，同时变幻莫测。从20世纪70年代末到最近的网球赛场，条纹作为最经典的元素被不断推陈出新。本季，我们也以此为灵感，演绎"永远的条纹"，如图9-4-22至图9-4-24所示。

图9-4-22 安踏2015 Q2设计主题概念——永远的条纹

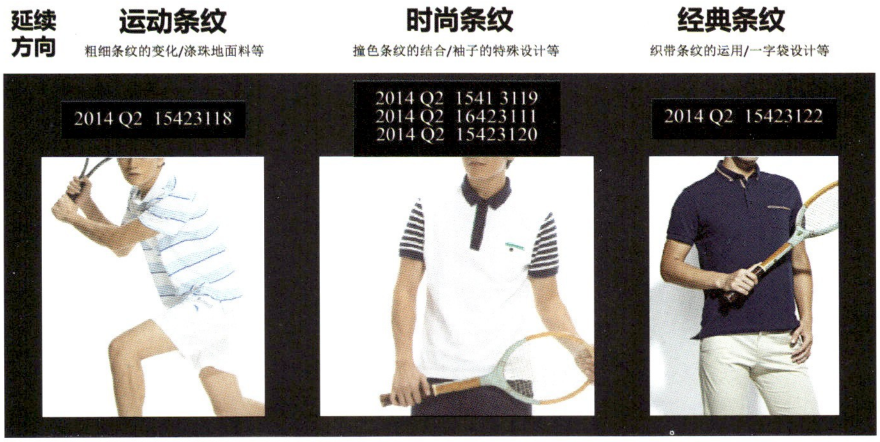

图9-4-23 安踏2015 Q2网球品类往季延续

图9-4-24 安踏2015 Q2网球品类本季重点

9.4.4.4 2015 Q2廓形与条纹组合

安踏2015 Q2网球品类产品轮廓、重点功能及条纹组合如图9-4-25至图9-4-35所示。

条纹元素富于变化，辅以功能性面料及网球属性的细节提升，"风循环"是本季的主打。

图9-4-25　安踏2015 Q2运动条纹
（专业训练）——产品轮廓

A-FROZEN SKIN	A-UV FIGHT	A-COOL
冰感功能持续升级	抗紫外线	速干科技持续升级

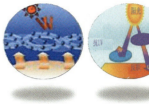

图9-4-26　安踏2015 Q2运动条纹
（专业训练）——产品重点功能

运动条纹，凉风来袭！——"风循环"　　　　创新

结合人体力学和运动中风循环的原理进行特殊结构设计，从而达到快干、凉爽、舒适和运动自如的功能效果。

"风循环"结构设计：

1. 虚线表示使用网眼面料；深色宽实线部分表示使用弱拉伸性的针织面料；其余部分为面密度较大的导湿快干面料。

2. 这样的网球服设计，无论使用哪个技术动作，气流都会从球服正面的"风眼"或者两个袖口进入，在身体附近做"风环流"至背部的风眼中流出，满足了热对流和水汽传递。经过身体表面温度比较高的区域，带走热量；经过汗水比较密集的区域，带走湿气。

3. 这充分利用了球类运动的特殊技术动作所产生的气流，来增加身体的凉爽、舒适感和服装的快干性。

人体不同部位的温度分布：

根据人体本身在运动状态下各部位出汗和热量传递的差别，采用不同热湿传递性能的面料来达到整体服装的热湿舒适性最优化。

图9-4-27　安踏2015 Q2运动条纹（专业训练）——产品突破1

郑洁法网别注款，结合"风循环"运动条纹比赛装备

下装搭配结合网球裙和运动短裤，采用涤纶弹力面料，并在色彩上进行突破。

图9-4-28　安踏2015 Q2运动条纹（专业训练）——产品突破2

时尚条纹的变化在于条纹颜色的变化和不规则条纹的运用，如袖子与主身的不同设计等。

图9-4-29 安踏2015 Q2时尚条纹
（训练/文化）——产品轮廓

不规则/撞色条纹的新颖设计 　　女装POLO板型的突破：宽松板型

图9-4-30 安踏2015 Q2时尚条纹
（训练/文化）——产品突破

经典条纹主要表现在面料及细节的提升，领边、袖口等条纹细节在宽窄、色彩、织带的融入等方面进行变化。

图9-4-31 安踏2015 Q2经典条纹
（文化）——产品轮廓

精致细节提升：运动条纹织带的创新使用

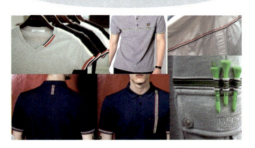

图9-4-32 安踏2015 Q2经典条纹
（文化）——产品突破1

珠地面料突破

形状记忆面料

不易变形，不易起球，柔软舒适

布种	缩水	
	经向	纬向
24S/1 CVC SK JERSEY	+0.5	-2.9
26S/1 CVC SK JERSEY	-1.4	-2.9
20S/1 CVC SK PIQUE	-4.8	-4.9
20S/1 CVC SK PIQUE	-0.3	-4.7
26S/1 CVC SK PIQUE	-4.6	-4.0
26S/1 CVC SK PIQUE	-0.6	-1.9

结构稳定的**JERSEY**布缩水可控制到**3X3%**
结构不稳定的**PIQUE**布缩水可控制到**5X5%**

水洗尺寸稳定，洗后外观整洁，洗后手感柔软，改良棉质易缩、易皱的缺陷。

图9-4-33 安踏2015 Q2经典条纹
（文化）——产品突破2

下装搭配短裤及梭织七分裤，采用棉布弹力面料，在细节方面进行突破，如口袋细节、条纹可反折脚口和腰头设计、织带扣襻等。

图9-4-34 安踏2015 Q2经典条纹
（文化）——产品突破3

一致的面料及款式设计，色彩上相互呼应，满足情侣/团购的消费需求。

图9-4-35　安踏2015 Q2情侣款

9.4.4.5 2015 Q2面料规划

安踏2015 Q2网球品类面料规划如图9-4-36所示。

涤纶弹力面料　　弹力网眼/涤纶提花面料　　涤纶仿棉面料　　形状记忆面料　　高品质精梳棉　　平纹透气面料 平纹弹力面料　　肌理感色织面料

图9-4-36　安踏2015 Q2网球品类面料规划

9.4.4.6 2015 Q2板型特征

安踏2015 Q2网球品类板型规划如图9-4-37、图9-4-38所示。

基础板型　　　修身板型　　　宽松板型　创新　　　　基础板型　　　修身板型　　　宽松板型

图9-4-37　安踏2015 Q2网球品类
板型规划——POLO衫

图9-4-38　安踏2015 Q2网球品类
板型规划——圆领针织衫

9.4.4.7 2015 Q2工艺与细节要素

安踏2015 Q2网球品类工艺与细节要素如图9-4-39至图9-4-42所示。

小领

中领

常规领

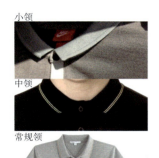

1. 门襟后开领型。
2. 前后领深接近的独特领型设计。
3. 多用于女款。

色织条纹领、字母印花领、提花透气领、梭织布领、主身布领等。

图9-4-39　安踏2015 Q2网球品类工艺细节
规划——领型（POLO）

宽领（主身出袖设计等）　　　　一字领

色织螺纹领

图9-4-40　安踏2015 Q2网球品类工艺细节
规划——领型（圆领T）

　　在常规门襟的基础上融入更多变化，如织带、字母绣花、梭织布等设计；纽扣的设计也需专门打造，提升品质。

图9-4-41　安踏2015 Q2网球品类工艺细节
规划——门襟的变化

　　条纹上做烫钻或亮片、撞色线的螺纹、织带的褶皱叠加、下摆的扣子设计等。

图9-4-42　安踏2015 Q2网球品类工艺细节
规划——其他

9.4.4.8 2015 Q2色彩规划

安踏2015 Q2网球品类色彩规划如图9-4-43所示。

图9-4-43　安踏2015 Q2网球品类色彩规划

9.4.4.9 2015 Q2终端推广（男装、女装方向）

安踏2015 Q2网球品类终端推广如图9-4-44、图9-4-45所示。

图9-4-44　安踏2015 Q2网球品类终端推广支持——POP方向

推广主题	我的条纹STYLE
推广时间	4月1日（南中北）
推广方式	1.男女板墙POP，1/2幅。 2.终端板墙焦点陈列。 3.郑洁法网赛场服装曝光，官网、微博等针对郑洁法网装备的软文推广。
推广网点级别	AB
主推产品	POP款条纹产品 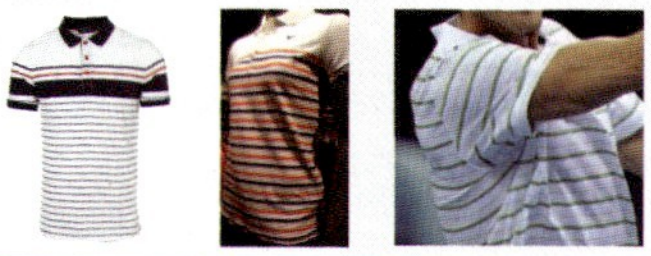

图9-4-45　安踏2015 Q2网球品类终端推广支持

9.4.4.10 2015 Q2订货会橱窗概念与组合推荐

安踏2015 Q2网球品类订货会橱窗概念与组合推荐如图9-4-46至图9-4-48所示。

网球、球拍形成"ANTA"造型，背景用球场、条纹等POP的元素进行打造，体现我的运动、我的条纹STYLE！

图9-4-46　安踏2015 Q2网球品类订货会橱窗

上市	主题	品类	款号	SKU数	性别	目标零售价	渠道
4月	训练	短袖POLO衫	15523114	2	男	179	A
	训练	短裤	15523302	3	男	199	A
	文化	短袖POLO衫	15523117	2	男	199	A
	文化	短袖POLO衫	15523118	3	男	199	A
	文化	短袖POLO衫	15523118	3	男	159	A
	文化	短袖针织衫	15523120	2	男	159	A
	文化	五分裤	15523301	3	男	219	A
5月	专业	短袖POLO衫	15523110	3	男	199	A
	训练	短袖POLO衫	15523111	3	男	179	A
	文化	短袖POLO衫	15523114	4	男	199	A
	文化	短袖POLO衫	15523115	3	男	179	A
	文化	短袖针织衫	15523146	2	男	139	A
	文化	短裤	15523322	2	男	199	A

男子板墙
2~2.5个板墙
35个SKU

上市	主题	品类	款号	SKU数	性别	目标零售价	渠道
4月	文化	短袖POLO衫	16523112	3	女	179	A
	训练	短袖POLO衫	16523113	2	女	139	A
	训练	短裙	16523202	2	女	179	A
	文化	短袖POLO衫	16523111	3	女	179	A
	文化	短袖针织衫	16523113	3	女	139	A
	文化	短袖针织衫	16523144	2	女	119	A
	文化	七分裤	16523531	2	女	219	A
5月	训练	短袖针织衫	16523140	3	女	139	A
	专业	短袖针织衫	16523141	3	女	159	A
	专业	短裙	16523201	2	女	199	A
	文化	短袖针织衫	16523112	3	女	139	A
	文化	短裤	16523301	2	女	159	A

女子板墙
2个板墙
30个SKU

图9-4-47　安踏2015 Q2网球品类订货会A网点男女板墙订货组合推荐

上市	主题	品类	款号	SKU数	性别	目标零售价	渠道
4月	训练	短袖POLO衫	15523114	2	男	179	B
	训练	短裤	15523302	3	男	199	B
	文化	短袖POLO衫	15523117	2	男	199	B
	文化	短袖POLO衫	15523118	3	男	199	B
	文化	五分裤	15523301	3	男	219	B
5月	专业	短袖POLO衫	15523110	3	男	199	B
	文化	短袖POLO衫	15523115	3	男	179	B
	文化	短袖针织衫	15523146	2	男	139	B
	文化	短裤	15523322	2	男	199	B

男子板墙
1~2个板墙
22个SKU

上市	主题	品类	款号	SKU数	性别	目标零售价	渠道
4月	训练	短袖POLO衫	16523113	2	女	139	B
	训练	短裙	16523202	2	女	179	B
	文化	短袖POLO衫	16523111	3	女	179	B
	文化	短袖针织衫	16523113	2	女	139	B
	文化	七分裤	16523531	2	女	219	B
5月	训练	短袖针织衫	16523140	3	女	139	B
	文化	短袖针织衫	16523112	3	女	139	B
	文化	短裤	16523301	2	女	159	B

女子板墙
1.5个板墙
19个SKU

图9-4-48　安踏2015 Q2网球品类订货会B网点男女板墙订货组合推荐

安踏2015 Q2网球品类企划案重点总结如下。

（1）相对往季订销，有哪些改进和优化？

巩固POLO衫生意，在训练产品上进行提升，整体统一产品元素；精简下装品类，聚焦核心短裤产品，加强系列搭配性。

（2）本季的重点产品是什么？

条纹POLO衫。

（3）如何将重点产品进行市场推广并落实到终端？

以POP、板墙推广为主，结合代言人的场上曝光进行推广。

第5节　内衣品牌成衣设计企划案例

　　我们从上市波段、主推、材质、专利、卖点等几方面，来分享欧迪芬2017年春夏季部分产品的设计企划案。

9.5.1 欧迪芬2017年春夏季主题：乐活——健康新体验（图9-5-1）

图9-5-1　欧迪芬2017年春夏季主题概念版

9.5.2 欧迪芬2017年春夏季产品上市第一波段企划"乐活轻奢"（图9-5-2）

第一波段（1～2月）
灵感来源：享受减压生活，散发身体里的女人味。
风格：乐活轻奢

关键词	创新商品	表现方式	运用系列
减压+聚拢	水袋无钢圈	水袋+无钢圈，既能减压又能塑形的无压内衣	主推一/精品
清凉+聚拢	冰水袋概念	水袋+冰凉纱内贴，在夏季体验聚拢不闷热的感受	

图9-5-2　欧迪芬2017年春夏季产品上市第一波段"乐活轻奢"概念版

9.5.2.1 欧迪芬2017年春夏季产品上市第一波段主推工艺手法——刺绣（图9-5-3）

可抽取式大垫片，薄衬和丝绵款式自由切换

3/4罩无衬
售价：459元

3/4罩模杯
售价：459元

中腰平角裤
售价：159元

中腰三角裤
售价：199元

中腰三角包臀裤
售价：109元

材质：

　　瑞士设计精致华丽的花卉刺绣。

　　搭配轻透蕾丝条，装饰精致进口色丁。

　　点缀满天星水晶饰花，整体设计浪漫华丽。

象牙白	朦胧紫
CR01	EH00

搭配棉质单品裤
牛奶蛋白纤维

图9-5-3　欧迪芬2017年春夏季主推工艺手法——刺绣要素

9.5.2.2 欧迪芬2017年春夏季产品上市第一波段的不同系列企划（图9-5-4至图9-5-9）

精　高

3/4罩均匀杯+插片
售价：659元

中式中国风

吊裙
售价：599元

3/4罩无衬
售价：659元

低腰平角裤
售价：299元

材质：

　　均匀模杯+插片，满足更多顾客需求。

　　奥地利进口奢华大尺寸闪葱朵花刺绣，高端雅致配色，尽显华丽质感。

　　大红色的颜色规划，适合春节、情人节、婚庆等节庆场合……

图9-5-4　欧迪芬2017年春夏季产品上市第一波段"精高"系列企划要素

图9-5-5 欧迪芬2017年春夏季产品上市第一波段"精品"系列企划要素

图9-5-6 欧迪芬2017年春夏季产品上市第一波段"家居"系列企划要素

情人节

材质：
　　复古华丽精致蕾丝搭配奢华感色丁。
　　白色和玫红色的颜色规划，适合情人节、婚庆等节庆场合……
　　淡淡的复古风更增添趣味感。

新线条、中式中国风可拆装饰领

3/4罩剪接款
售价：459元

3/4罩水袋模杯
售价：459元

吊裙
售价：559元

低腰平角裤
售价：129元

丁字裤
售价：109元

图9-5-7　欧迪芬2017年春夏季产品上市第一波段"情人节"系列企划要素

开 季

天空蓝　珊瑚橘

3/4罩剪接款
售价：399元

中低腰平口裤
售价：139元

图9-5-8　欧迪芬2017年春夏季产品上市第一波段"开季"系列企划要素

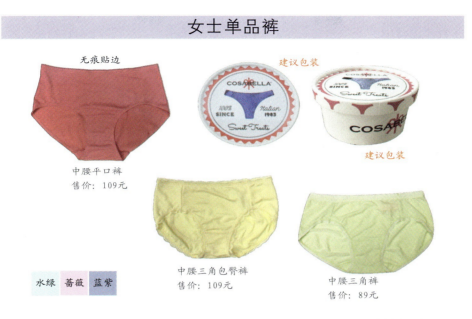

图9-5-9 欧迪芬2017年春夏季产品上市第一波段"单品"系列企划要素

9.5.3 欧迪芬2017年春夏季产品上市第二波段"清新优雅"主题企划（图9-5-10）

图9-5-10 欧迪芬2017年春夏季产品上市第二波段"清新优雅"概念版

9.5.3.1 欧迪芬2017年春夏季产品上市第二波段主推——羽量第二代（图9-5-11）

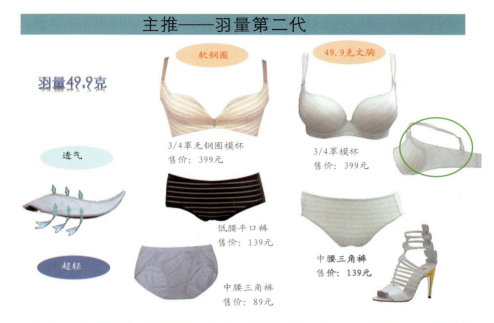

图9-5-11　欧迪芬2017年春夏季产品上市第二波段主推——羽量第二代的特色要求

9.5.3.2 欧迪芬2017年春夏季产品上市第二波段的各个系列（图9-5-12至图9-5-15）

图9-5-12　欧迪芬2017年春夏季产品上市第二波段"精品"系列企划要素

家　居

短袖裙
售价：599元

青紫色

天空紫

上下套
售价：699元

短袖裙
售价：599元

材质：
　　天然莫代尔材质，手感柔软，穿着舒适，搭配刻花蕾丝，刻花的工艺彰显奢华的优雅。

材质：
　　进口色丁定位印花面料，时尚优雅。

图9-5-13　欧迪芬2017年春夏季产品上市第二波段"家居"系列企划要素

内衣外穿

无袖小高领上衣
售价：399元

短袖连体衣
售价：459元

材质：
　　精美蕾丝花边搭配外丝里棉面料，并以直边水溶花条点缀，华丽的小高领设计，尽显时尚优雅气质。
　　外丝里棉面料，手感滑爽挺括，光泽感好，贴身穿着舒适、亲肤。

材质：
　　精美蕾丝花边搭配外丝里棉面料运用于衣身，无痕锁边运用在裤片。
　　外丝里棉面料，手感滑爽挺括，光泽感好，贴身穿着舒适、亲肤。
　　连体衣设计，易搭配裙装、西装等外服，且能避免弯腰下蹲露腰背的尴尬。

图9-5-14　欧迪芬2017年春夏季产品上市第二波段"内衣外穿"系列企划要素

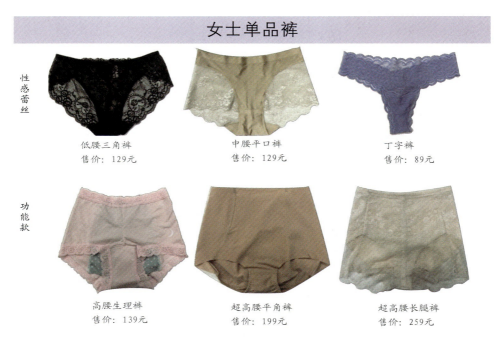

女士单品裤

性感蕾丝

低腰三角裤
售价：129元

中腰平口裤
售价：129元

丁字裤
售价：89元

功能款

高腰生理裤
售价：139元

超高腰平角裤
售价：199元

超高腰长腿裤
售价：259元

图9-5-15　欧迪芬2017年春夏季产品上市第二波段"女式单品裤"系列企划要素

9.5.4 欧迪芬2017年春夏季产品上市第三波段"健康活力"主题企划（图9-5-16）

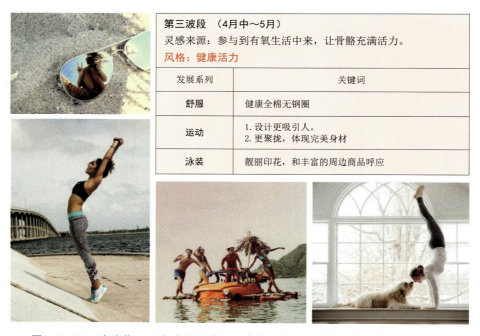

第三波段　（4月中～5月）

灵感来源：参与到有氧生活中来，让骨骼充满活力。

风格：健康活力

发展系列	关键词
舒服	健康全棉无钢圈
运动	1. 设计更吸引人。 2. 更聚拢，体现完美身材
泳装	靓丽印花，和丰富的周边商品呼应

图9-5-16　欧迪芬2017年春夏季产品上市第三波段"健康活力"主题企划内容

9.5.4.1 欧迪芬2017年春夏季产品上市第三波段主推要素（图9-5-17）

图9-5-17　欧迪芬2017年春夏季产品上市第三波段主推的热销内容

9.5.4.2 欧迪芬2017年春夏季产品上市第三波段各系列企划要素（图9-5-18、图9-5-19）

图9-5-18　欧迪芬2017年春夏季产品上市第三波段"运动"系列企划要素

泳　装

分体泳装（比基尼）
售价：759元

连体泳装（三角）
售价：759元

沙滩长裙
售价：759元

材质：
　　定点花卉印花，搭配全幅蕾丝印花，组合丰富。
　　飘逸的雪纺长裙，适合夏季海边度假。

图9-5-19　欧迪芬2017年春夏季产品上市第三波段"泳装"系列企划要素

思 考 题

　　请学生们从市场上寻找几个风格相近的成衣品牌作为被模拟的标杆品牌，对其进行深入了解；然后模拟策划建立虚拟品牌，制订设计主题、设计计划等一系列规划；最后完成成衣设计练习。